拒绝业余

逆袭吧，Photoshop 菜鸟——

Photoshop这样用才专业

孙蓓蓓 著

中国青年出版社

图书在版编目（CIP）数据

拒绝业余：逆袭吧，Photoshop菜鸟：Photoshop这样用才专业 / 孙蓓蓓著. -- 北京：中国青年出版社，2020.2
ISBN 978-7-5153-5916-8

I.①拒… II.①孙… III.①图像处理软件 IV.①TP391.413

中国版本图书馆CIP数据核字（2019）第284021号

策划编辑　张　鹏
责任编辑　张　军
封面设计　乌　兰

拒绝业余：逆袭吧，Photoshop菜鸟
——Photoshop这样用才专业
孙蓓蓓／著

出版发行：	中国青年出版社
地　　址：	北京市东四十二条21号
邮政编码：	100708
电　　话：	（010）50856188 / 50856189
传　　真：	（010）50856111
企　　划：	北京中青雄狮数码传媒科技有限公司
印　　刷：	北京瑞禾彩色印刷有限公司
开　　本：	787 x 1092　1/16
印　　张：	18
版　　次：	2020年2月北京第1版
印　　次：	2020年2月第1次印刷
书　　号：	ISBN 978-7-5153-5916-8
定　　价：	69.90元

（附赠语音视频教学+同步案例文件+实用办公技巧+海量设计资源+滤镜教学视频）

本书如有印装质量等问题，请与本社联系
电话：（010）50856188 / 50856189
读者来信：reader@cypmedia.com
投稿邮箱：author@cypmedia.com
如有其他问题请访问我们的网站：http://www.cypmedia.com

前　　言

　　职场新人小蔡由于对Photoshop软件不是很精通，再加上有一个对工作要求尽善尽美的领导，菜鸟小蔡工作起来就比较"悲催"了。幸运的是，小蔡遇到了热情善良、为人朴实的"暖男"先生，在"暖男"先生不厌其烦地帮助下，小蔡慢慢地从一个平面设计菜鸟逆袭为让领导刮目相看并委以重任的设计师。

　　本书作者将多年工作和培训中遇到的学生和读者常犯的错误、常用的低效做法进行收集整理，形成一套"纠错"课程，以"菜鸟"小蔡在工作中遇到的各种问题为主线，通过"暖男"先生的指点，使小蔡对使用Photoshop进行平面效果设计能够更加熟悉、正确地使用。如使用Photoshop进行平面图像的　　设计、图像的绘画、图像的处理以及特效图像的制作等。内容上主要包括Photoshop使用时的错误思路和正确思路、效果展示的低效方法和高效方法，并且在每个案例开头采用"菜鸟效果"和"逆袭效果"展示，通过两张图片对比，让读者更一目了然。通过优化方法的介绍，提高读者使用Photoshop的平面设计能力。每个任务结束后，还会以"技能点拨"的形式，对使用Photoshop进行图像处理的一些快捷操作方法进行讲解，帮助读者进一步提升软件的操作能力。此外，还会以"菜鸟加油站"的形式，对使用Photoshop进行平面设计时的一些"热点"功能进行介绍，让读者学起来更系统。

　　本书在内容上并不注重技法高深，而注重技术的实用性，所选取的"菜鸟效果"都是很多读者的设计通病，具有很强的代表性和典型性。通过"菜鸟效果"和"逆袭效果"的设计对比，读者可以直观地感受到Photoshop平面设计高效方法的立竿见影之功效，感受到应用Photoshop高效设计思路与低效方法的巨大反差，提高读者平面图像设计、绘画和特效图像设计等能力。本书由淄博职业学院孙蓓蓓老师编写，全书共计约42万字，本书内容符合读者需求，覆盖使用Photoshop时的常见误区，贴合工作实际，非常有利于读者快速提高设计水平。

　　本书在设计形式上，着重凸显"极简"的特点，便于读者零碎时间学习。不仅案例简洁明了，还将通过二维码向读者提供视频教学，使用微信"扫一扫"既可观看每种效果的实现过程，便于读者快速学习。此外读者还可以关注"未蓝文化"微信公众号，在对话窗口回复"Photoshop逆袭"关键字，获取更多本书学习资料的下载地址。

　　本书将献给设计行业正在努力奋斗的"菜鸟"们，祝愿大家通过不懈努力，早日迎来属于自己的职场春天。

"暖男"先生

本书阅读方法

在本书中，"菜鸟"小蔡是一个刚入职不久的设计新人。工作中，上司是一个做事认真、对工作要求尽善尽美的"历历哥"。每次，小蔡在完成历历哥交代的工作后，严厉的历历哥总是不满意，觉得还可以做得更完美。本书的写作思路是历历哥提出【工作要求】--新人小蔡做出【菜鸟效果】--经过"暖男"先生的【指点】--得到【逆袭效果】，之后再对【逆袭效果】的实现过程进行详细讲解。

人物介绍

小蔡

职场新人，工作认真努力，但对Photoshop软件学艺不精。后来，通过"暖男"先生的耐心指点，加上自己的勤奋好学，慢慢地从一个职场菜鸟逆袭为让领导刮目相看并委以重任的设计大咖。

历历哥

部门主管，严肃认真，对工作要求尽善尽美。面对设计新人小蔡做出的各种平面设计效果感到不满意，但对下属的不断进步，看在眼里，并给与肯定。

"暖男"先生

小蔡的邻居，是个有创意、风格鲜明、设计思路明确又乐于助人的平面设计师，一直致力于推广最具实用价值的Photoshop操作技巧，为小蔡在职场上快速成长，提供了非常大的帮助。

本书构成

问题及方法展示: 对【菜鸟效果】和【逆袭效果】的对比和实现方式进行详细介绍。

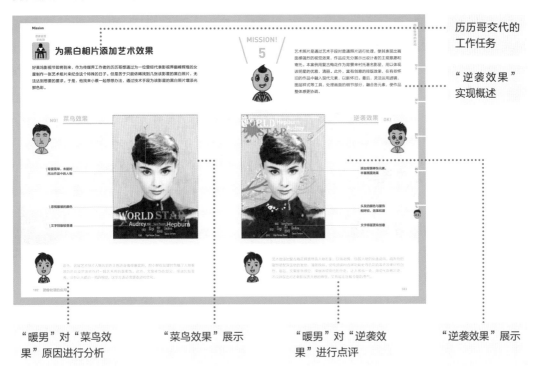

历历哥交代的
工作任务

"逆袭效果"
实现概述

"暖男"对"菜鸟效
果"原因进行分析　　　"菜鸟效果"展示　　　"暖男"对"逆袭效
果"进行点评　　　"逆袭效果"展示

【逆袭效果】实现过程详解:

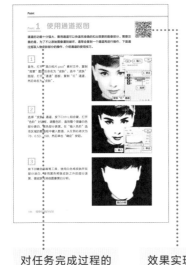

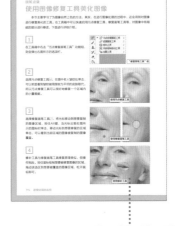

对任务完成过程的
详细操作进行介绍

效果实现过程将通
过二维码向读者提
供视频教学

对各种设计元素的高
效操作方法进行讲
解,提高工作效率

对Photoshop中的一些
"热点"功能进行介绍,
让读者学起来更系统

本书学习流程

本书主要介绍使用Photoshop设计平面作品的相关应用，包括"平面图像设计"、"图像的绘画基础"、"图像处理的应用"、"图层的综合应用"和"特效图像的制作"5个部分，分别对Photoshop中各功能模块进行介绍，如图层、选区、图像的编辑、矢量工具、蒙版、通道、滤镜等功能。

【平面图像的简单设计】

 设计商品广告图

 制作剪影招贴广告

 制作科幻大片感海报

【图像的绘画基础】

 制作参观狮子座流星雨活动海报

 制作趣味拼图宣传海报

 制作葡萄酒新品展示图

【图像处理的应用】

 制作歌唱大赛预告海报

 制作古玩拍卖会宣传海报

 制作游戏推广宣传海报

在介绍Photoshop的使用方法时，通过错误思路和正确思路、低效方法和高效方法的比较，以及优化案例的具体实现步骤的介绍，可以快速让读者了解制作思路和方法，从而快速提高读者Photoshop的应用能力。

 制作创新思维宣传海报

 为黑白相片添加艺术效果

【图层的综合应用】

 制作红色革命海报

 制作民族风蝴蝶炫彩海报

 制作创意 PS 合成 Banner

【特效图像的制作】

 制作"黄昏中的女孩"创意海报

 制作"绿野仙踪"创意宣传海报

 制作日式唯美梦幻海报

Contents

平面图像的简单设计

设计商品广告图 ·· 16

制作剪影招贴广告 ··· 32

图像的绘画基础

图像处理的应用

图层的综合应用

制作民族风蝴蝶炫彩海报 ·· 212

制作创意PS合成Banner ·· 228

特 效 图 像 的 制 作

制作"黄昏中的女孩"创意海报 ····································· 246

Photoshop 实用技巧 Tips 大索引

平面图像的简单设计

使用Photoshop进行平面效果设计时，用户可以通过利用提供的相关辅助工具改变图像的大小、位置和形状的同时，适当添加新元素产生创意效果。此外，熟练使用组合键及合理运用素材文件，也是提高平面设计水平的重要条件。

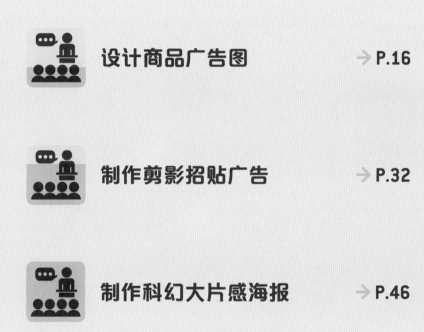

平面图像的
简单设计

设计商品广告图

企业为了增加季节性产品的宣传力度，决定设计商品广告图以提高曝光率。历历哥打算利用季节的特点突出关联产品，通过与消费者产生共鸣，提高销售量。正值夏季，于是和小蔡沟通了他的想法，希望加大消暑商品的宣传，配以适当的主题，为广大消费者做好抗暑的"商品后勤工作"。

NG! 菜鸟效果

商品摆放没有特色，
缺乏整体创意性

文字部分整体效果过于突出，
降低了产品本身的吸引力

小蔡在设计商品广告图时，将文字信息进行了突出展示，从而弱化了商品对消费者的冲击。再者，产品的摆放方式比较普通，缺少了趣味性和创意性，不能很好地诠释"抗暑大作战"的文字主题。此外，用于修饰图像的排版方式不是很协调。

MISSION!

1

设计商品广告图时,我们应以突出商品为主要目的,利用季节特点突出产品的相关功能,使消费者产生共鸣。本案例将通过对图层进行合理排序和编辑,优先原有效果,使其重点更突出,协调衬托,从而产生创意效果。

逆袭效果 OK!

修饰元素相互呼应,
整体画面更加协调

降低文字部分的吸引
力,更好地衬托商品

商品充满动感效果且具
集中性,突出了主题

商品摆放方式的改变,突出重点的同时,为整体设计增添活力,商品集中堆放可以很好地分割整个图像,使文字与商品相呼应。此外,海浪方向的变换很自然地引出了文字;树叶的三角形排版方式,令整个画面更加协调和谐。

Point 1 新建文档

用户在使用Photoshop进行广告平面设计时，首先需要新建文档并设置特定属性，然后将素材文件导入到文档中，并对图层进行编辑调整，从而完成平面作品的设计。在新建文件时，需要对文档的参数进行调整，以适应图像设计的需要，下面介绍具体的操作方法。

1

打开Photoshop CC软件，单击开始界面的"新建"按钮，新建文档。

Tips　其他新建文档的常用方法

除了上述新建文档的方法，用户还可通过以下方式新建文档：
- 打开软件后，在菜单栏中执行"文件>新建"命令；
- 直接按下Ctrl+N组合键，在打开的"新建文档"对话框中新建空白文档。

2

在弹出的"新建文档"对话框中将文档命名为"商品广告图"，在"宽度"选项区域中自定义文档大小，然后单击右侧的下三角按钮，选择文件大小计量单位为"像素"。
参数设置完成后，单击"创建"按钮。

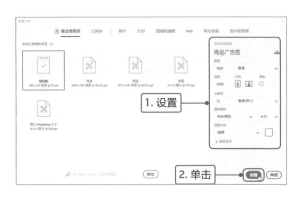

3

在弹出的"新建"对话框中再次审核相关参数，然后单击"确定"按钮。

Tips　**Photoshop中文档的预设**

"新建"对话框中的"文件类型"下拉列表用于预设新建文件的大小和属性，各主要选项的含义介绍如下：

● 剪切板：保留上一个文件的大小和属性作为预设选项，供用户快速创建文件；

● 美国标准纸张、照片、Web、移动应用程序设计、胶片和视频、图解、图稿和插图、画板：为以上文件类型提供标准大小的预设和属性；

● 自定：用户可以根据需求自定义文件的大小和属性。

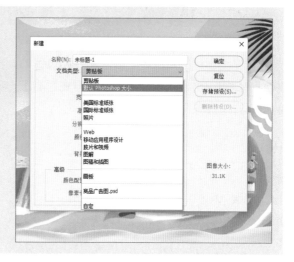

4

此时，背景内容为"透明"的空白文档创建完成了。

创建背景为透明的空白文档

Tips　**"新建文档"对话框各主要参数含义**

● 图像文件大小的计量单位除了常用的"像素"外，还有"英寸"、"厘米"、"毫米"等，用户可以根据需要进行选择。

● 图像的颜色模式是将某种颜色表现为数字形式的模型或者说是一种记录图像颜色的方式。在Photoshop中，图像的颜色模式分为位图模式、灰度模式、双色调模式、索引颜色模式、RGB颜色模式、CMYK颜色模式和Lab颜色模式等。

● 分辨率用于控制位图图像中的细节精度，测量单位通常是像素/英寸（ppi），每英寸的像素越多，分辨率就越高。实际应用中，图像分辨率越高，印刷出来的质量就越好。

● 图像的"位深度"主要用于指定图像中每个像素可以使用的颜色信息数量。Photoshop可供选择的"位深度"有"8位"、"16位"和"32位"，每个像素使用的信息位数越多，可用的颜色就越多，色彩的表现就越逼真。

Point 2 调整图层排列顺序

在进行平面设计的过程中，图层顺序和位置的调整等操作应用较为频繁，用户可以通过使用组合键或增加熟练度等方式提高工作效率，下面对调整图层排列顺序的操作方法进行介绍。

1

在"图层"面板中双击"图层1"图层，此时图层名称为可编辑状态，将其修改为"背景"。

2

设置前景色的色值为#66ffff，按下快捷键G，使用油漆桶工具填充"背景"图层。

Tips Photoshop中各颜色的色值

色值是一个颜色的属性，在印刷厂或者设计排版公司经常遇到，在"拾色器"的颜色色值文本框中输入指定颜色的色值，系统即调出对应的颜色。

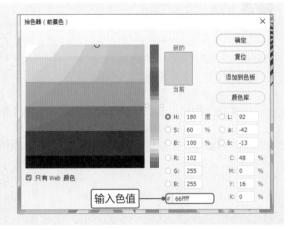

3

执行"文件>打开"命令，在弹出的对话框中选择"商品广告图素材"的PSD文件，单击"打开"按钮，打开该素材文件。

4

选中"商品广告图素材.psd"文件中的图层，按住鼠标左键向"商品广告图"文档中拖动。此时，"商品广告图"文档中出现了同"商品广告图素材"文档中相同的图像，至此，不同文档中图层的复制操作完成。

Tips **不同文档中图层的复制**

用户可以采用将一个文档中的图层直接拖动到另一个文档中的方式，完成图层的复制。当光标变成白色箭头时，开始拖曳。

5

将所有图层进行顺序上的简单调整，避免视觉上靠后图层的图像遮挡靠前图层的图像。
由于"海浪"图层明显遮挡了"沙滩"图层，所以先选中"海浪"图层。

6

选中"海浪"图层后，按住鼠标左键，当光标
由手指变为抓手形状时将其拖动至"沙滩"图
层的下方。

7

调整图层顺序后，图像的视觉效果看上去更加
舒适了。

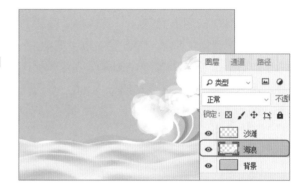

8

使用相同的方法，将其他素材图层拖曳到"商
品广告图"文档中，同时对素材图层进行顺序
上的调整。

调整图层的排列顺序

Tips **图层顺序调整的操作技巧**

调整图层顺序时，可以通过使用组合键或执行"图层>排列"子菜单下的相应命令实现。
- 按下Shift+Ctrl+]组合键，可以将选中的图层调整到最顶层；
- 按下Shift+Ctrl+[组合键，可以将选中的图层调整到最底层；
- 按下Ctrl+]组合键，可以将所选图层向上移动一个堆叠顺序；
- 按下Ctrl+[组合键，可以将所选图层向下移动一个堆叠顺序；
- 在"图层"面板中选中多个图层后，执行"图层>排列>反向"命令，可以反转所选图层的排列顺序。值得注意的
  是，此命令仅反转原图层所在的图层位置。

Point 3 移动图像位置

用户可以通过移动图像的位置，来调整单个图像的分布情况，从而产生富有创意的排版效果。移动图像的位置要根据一定的规则，图像的整体分布以协调美观为原则。

10
%

50
%

100
%

1

选中冰山图像，按住鼠标左键，移动到合适的位置。

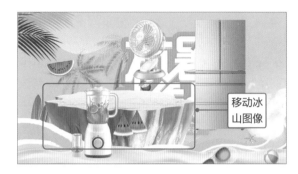

移动冰山图像

2

调整各种商品位置，使其放置于冰山之上。

将商品摆放到冰山上

3

添加修饰元素，使各种装饰物品环绕在商品的周围。

修饰物品摆放

Tips 同时移动多个图像

按住Ctrl键或Shift键可以同时选中多个图像，拖曳选中图像中的任——个图像，按住鼠标左键并拖动，此时，所有被选中的图像都会移动。

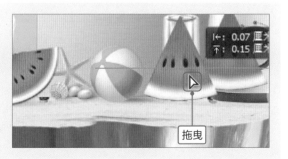

拖曳

Point4 创建图层组

用户可以将组成某个完整设计对象的素材图层归为一组，在图层繁多的平面作品中能够方便快速地对设计对象进行调整和操作，下面具体介绍创建图层组的操作方法。

1

选中冰山上所有商品及装饰物品的图层，单击"图层"面板下方的"创建新组"按钮，所有选中图层会自动归于新建的组中。

默认情况下新创建的组被命名为"组1"，用户可以双击组名称区域编辑组名，即双击"组1"并将组名更改为"商品摆放"。

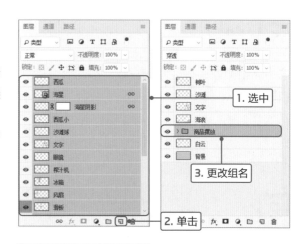

2

单击图层组左侧边缘的三角折叠按钮，可以展开图层组中的图层。在图层组中同样可以对图层的排列顺序进行调整。

Tips 创建图层组中的子图层组

选中图层组中的图层，单击"创建新组"按钮，此时，在图层组的下一层级处，子图层组创建完成。

双击"图层组1"图层，将图层组重新命名为"装饰物"，即可完成对子图层组的重命名。

Point 5 复制和删除图层

同一文件中图层的复制方法区别于不同文件的图层复制，用户只需选中图层，按住Alt键的同时拖动鼠标即可完成复制操作。通过调整复制图层的位置、大小和方向，能够产生不同的创意效果。

1

选中要复制的"树叶"图层，按住Alt键的同时时，按住鼠标左键并拖动进行复制。

按住Alt键

2

复制所需数量的图层，并移动图层至合适的位置，然后查看效果。

复制并移动图层

3

用户在进行效果设计时，如果感觉出现了多余的图像或元素，可以将其所在的图层删除。即选择要删除的"树叶拷贝2"图层，按下Delete键或Backspace键，都可以将选中的图层快速删除。

选中并删除

Tips **图层复制的其他方法**

- 选中需要复制的图层，按下Ctrl+J组合键能够快速完成图层的复制；
- 执行"图层>新建>通过拷贝的图层"命令，进行图层的复制；
- 按下Ctrl+Alt+方向键，能够快速向指定方向复制一个距原图一个像素的图层。

Point 6 变换图层

如果图像所在的图层大小与整体设计不和谐，用户可以通过变换操作调整图层大小，从而改变图像的大小。此外，Photoshop的变换功能还能改变图层的方向、位置甚至形状。下面介绍变换图层的具体操作方法。

选中需要调整方向的"树叶拷贝3"图层，按下Ctrl+T组合键启用"自由变换"功能，则图层中的图像周围出现定界框，移动光标至定界框外部的顶角处，此时光标变成一个表示旋转的双向箭头，拖动鼠标即可旋转图像。

Tips 变换功能的界定框、中心点和控制点

在使用"自由变换"功能时，当前选中图像周围会出现一个用于变换的定界框，定界框的中间有一个中心点，四周有控制点。在默认情况下，中心点位于变换对象的中心，拖曳中心点可以移动它的位置；控制点主要用来变换图像。

[2]

按照上述方式，将图像旋转至合适方向后，按Enter键确认操作并退出变换状态，此时，图像周围的定界框消失。

3

再将复制出来的所有树叶调整摆放到合适位置，直到整体设计和谐美观。

复制树叶并调整位置

10%

50%

4

下面对部分图像的大小进行微调，首先选中"树叶拷贝4"图层，按下Ctrl+T组合键启用"自由变换"功能，按住Shift键同时鼠标按住定界框顶角处的控制点向内拖动，完成等比例缩放。

需要注意的是，若要对图像进行扩大，则需向外拖动鼠标。

向内缩放

100%

Tips **缩放组合键应用技巧**

缩放可以相对于变换对象的中心点对图像进行缩放。如果不按住任何组合键，可以任意缩放图像，但可能使图像失真；如果按住Shift键，可以等比例缩放图像；如果按住Shift+Alt组合键，可以以中心点为基准等比例缩放图像。

任意缩放

等比缩放

中心缩放

5

按照同样变换大小的方法 ，对整个宣传广告图中需要调整大小的图像进行缩放操作，直到整体效果恰当、美观。

Point 7 合并图层

在制作广告图的过程，为了快速、高效地找到由多个图层组成的对象，我们除了通过建立图层组的方式达到目的外，也可以将多个图层合并成一个图层，通过减少图层数量，便捷地找到所需图层。

1

由于海星的阴影和海星在不同的图层上，移动海星时，还需要再次移动"海星阴影"图层，我们可以对这两个图层进行合并。选中"海星阴影"和"海星"图层，单击鼠标右键，在弹出的快捷菜单栏中选择"合并图层"命令。

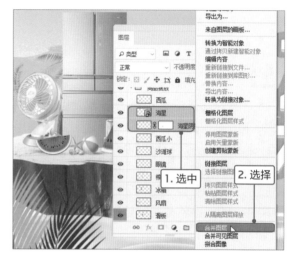

2

即可将选中的图层合并为一个图层，然后将海星移动到合适位置。按下Ctrl+T组合键启用"自由变换"工具，调整海星及其他装饰物的大小以适配整体效果。

移动及调整装饰物大小

 Tips **图层合并的其他知识**

选中需要合并的多个图层，执行"图层>合并图层"命令或Ctrl+E组合键，可实现图层合并，合并后的图层使用上面图层的名称。

选中某图层，执行"图层>向下合并"命令或Ctrl+E组合键，则将当前图层和其下面的图层进行合并，合并后的图层使用下面图层的名称。

Point 8 调整图层的透明度

为了平衡设计图的整体效果，需要减淡部分图像的显示效果，通过调整图层不透明度和填充效果的参数可以达到这一目的。

选中"白云"图层，在"图层"面板中设置不透明度为90%。至此，整个商品广告图的设计完成。

调整不透明度

 Tips 图层"不透明度"和"填充"效果的区别

从一定程度上讲，两者都是针对透明度进行调整，但"不透明度"选项控制着整个图层的透明属性，包括图层中的形状、像素以及图层样式，而"填充"选项只影响图层中绘制出的图像和形状的不透明度，换句话说，"填充"不会影响图层样式等特效的效果。

下面为"文字"图层添加"描边"图层样式，将分别调整"不透明度"和"填充"选项为50%进行对比。

可以看出当"不透明度"为50%，"填充"不变时，整个"文字"图层颜色效果减淡；当"填充"为50%，"不透明度"效果不变时，只有图像颜色效果减淡，添加的"描边"图层样式效果没有变化。

原图效果

不透明度50%

填充50%

技能点拨

使用"对齐"命令快速对齐图层

对图层进行排列时，可以使用"对齐"命令或者快捷工具对图层位置进行准确而便捷地调整，掌握快速对齐图层的方法可以为平面设计效果锦上添花。下面介绍具体的操作方法。

1

打开"对齐素材.psd"文件，选中名称为"云朵""贝壳"和"太阳伞"的图层。

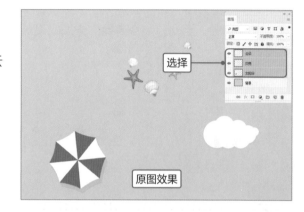

2

执行"图层>对齐>顶边"命令，可以快速将所有选中图层以最顶端的像素进行水平对齐。

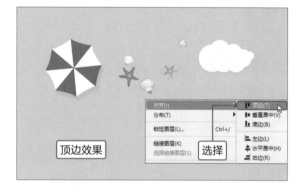

3

如果执行"图层>对齐>垂直居中"命令，可以将所有选中图层以垂直中心像素进行水平对齐。

 Tips **与选区对齐**

执行"图层>将图层与选区对齐"命令，在子菜单中选择相应的对齐方法选项，可以将选区与图层对齐，效果同"对齐"命令类似。

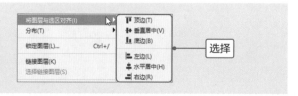

4

如果执行"图层>对齐>底边"命令，可以使所
有选定图层以最底端的像素进行水平对齐。

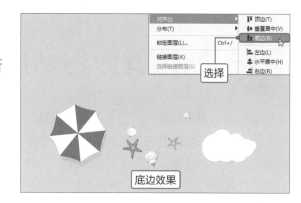

底边效果

5

如果执行"图层>对齐>左边"命令，可以将所
有选定图层以最左端像素进行垂直对齐。

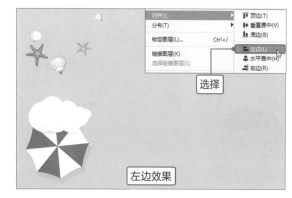

左边效果

6

如果执行"图层>对齐>水平居中"命令，可以
将所有选定图层以水平中心像素进行垂直对齐。

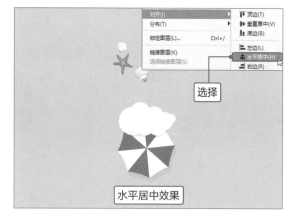

水平居中效果

7

如果执行"图层>对齐>右边"命令，可以将所
有选定图层以最右端像素进行垂直对齐。

右边效果

平面图像的
简单设计

制作剪影招贴广告

历历哥想要为模特制作一个引人注意的招贴广告，他要求小蔡广告的制作要求要时尚、大气，能够体现目前具有代表性的流行服装特色。小蔡在剪影招贴广告的制作过程中，使用选区工具将所需素材选出进行处理，制作出剪影效果；同时，适当使用点睛色彩突出画面的设计效果；最后，为整个广告添加合适的背景，使招贴广告体现的内容主次分明。

NG! 菜鸟效果

❗腰带、手提包轮廓印象不够清晰、明显

❗此处修饰形状较为突兀，反而影响整体美观

❗背景色和点睛色为冷色调，视觉上的冲击效果欠缺

小蔡在制作剪影招贴时，挑选冷色调的蓝色作为点睛色，当与剪影的黑色进行组合创意时，视觉上的冲击效果欠缺。另外，在处理模特衣物、帽子的装饰品的过程中，手法不够细致，印象不够清晰，导致整体效果大打折扣。

MISSION!
2

制作招贴广告时，首要的工作是明确广告想要表达的主题，本案例通过剪影效果化实为虚，将具体的模特照片转换成一个具有想象空间的影子，同时对影子中需要体现的细节进行颜色减淡处理，使得剪影效果错落有致、层次清晰。此外，更加鲜明的色彩使得整个创作更具特色。

10%

50%

100%

365
EVERY DAILY
PRACTICE

DAILY PRACTICE

2018.01.20

HOLD ON

EVERY DAILY PRACTICE

FREEDOM_
I BURNED MY HOPES TOWARDS THE FIREWORKS
IT IS EMPTY MY SOUL.

DAY

逆袭效果 OK!

增加了帽子的花纹，平衡整体效果，更加美观

腰带、手提包印象过渡自然、美观

背景内容丰富，增强了视觉效果

将点睛色和背景色调整为鲜明的暖色调，在与剪影进行创意组合时，增强了视觉效果上的冲击力。在处理模特衣物、帽子和装饰品的过程中，通过改变画笔的大小、不透明度等操作来改变线条形状和纹理效果，使绘制的效果细腻、富有层次感，进而让整体剪影的印象效果清晰、自然。

Point 1 使用魔棒工具创建选区

制作剪影效果时，首先需要使用选区工具将所需素材选出，创建的选区应完整、平滑。合理使用快速选择工具、魔棒工具等，根据周围色彩调整适当容差来快速确定选区。下面进行具体操作。

1

按下Ctrl+O组合键，在弹出的"打开"对话框中选中素材图片"模特.jpg"，单击"打开"按钮在Photoshop中打开文件。

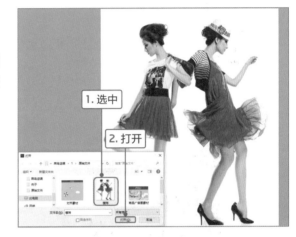

2

执行"图像>调整>曲线"命令，在弹出的"曲线"对话框中适当将曲线向下拖曳，调整图片明暗效果，增加图片对比度。

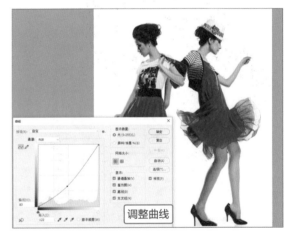

3

要选择模特大体的外轮廓，则首先选择工具栏中的魔棒工具，在上方的属性栏中设置选择关系为"添加到选区"、"容差"为32像素。

- 选区运算组：从左到右依次为："新选区"，可以创建
  新选区；"添加到选区"，可以在原有选区的基础上添
  加新创建的选区；"从选区减去"，可以在原有选区的
  基础上减去当前绘制的选区。
- 容差：决定所选像素之间的相似性或差异性。数值越
  低，对像素的相似程度要求越高，所选范围越小。反
  之，同理。

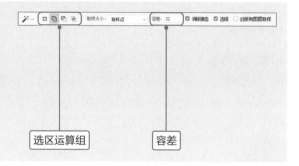

选区运算组 容差

4

在图片中单击除模特外的图像区域，可以看到
白色背景的图像已经被选区选中，但由于容差
原因，模特内部的部分白色区域也被选中，显
然超出了理想的选择区域。因此，下面进一步
调整选区范围。

超出

5

在选区运算组中单击"从选区减去"按钮，将
"容差"调整为11像素。然后在超出理想选区
的部分单击，缩减所选区域，直到选中理想的
区域。

缩减选区

添加到选区：按住Shift键单击要添加的区域，光标下方
显示"+"。
从选区减去：按住Alt键单击要减去的区域，光标下方显
示"-"。

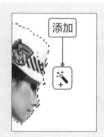

添加

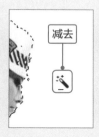

减去

10
%

50
%

100
%

Point **2** 使用快速蒙版调整选区

使用快速选区工具虽然能够快速创建大概的选区，但细节处无法得到良好的处理，快捷蒙版功能可以很好地弥补这一缺点。此功能可以使用画笔工具对细节处进行处理，并将画笔所涂抹区域转换为选区，下面介绍具体操作方法。

1

保持已创建的选区为选中状态，单击工具栏下方的"以快速蒙版模式编辑"按钮，进入快速蒙版编辑状态。

单击　　　快捷蒙版状态

2

快速蒙版能将图像选区转化为可用画笔进行编辑的形状。将图像细节处放大400%，可以看出部分选区超出选择范围且边缘线条较为杂乱，例如头发和帽子部分。

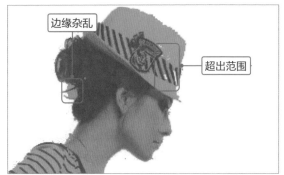

边缘杂乱　　超出范围

Tips　快速蒙版工作原理

快速蒙版能够将选区转换成可用画笔工具进行绘制的形状，退出蒙版模式可将绘制的形状转换为选区。在蒙版状态下，用黑色画笔画出来的区域呈现红色，转换成选区后是不被选择的区域，用白色画笔画过的区域显示透明色，是要选择的区域。调节画笔硬度还能创建半透明的选区。

3

在"快速蒙版"模式下，使用画笔工具对细节处进行优化处理，首先优化头发和帽子部分。设置前景色为白色，在头发周围的红色蒙版区域进行涂抹。

头发和帽子优化后

4

按照同样的方法对图像人物边缘处进行优化，然后比较优化前后的效果。

优化前　　　优化后

5

值得注意的是，手臂细节处如果毛疵较为明显，也应该进行优化处理，这样，当将蒙版转换为选区时边缘会较为美观平滑。

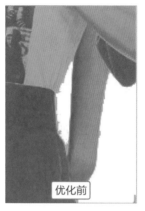

优化前　　　优化后

6

按照同样的方法对图像中其他细节处进行优化，并单击工具栏下方的"以标准模式编辑"按钮，将处理后的蒙版转换为选区。可以看到除红色覆盖的模特部分外，白色背景区域全部被选中。

单击　　　将蒙版转换为选区

7

执行"选择>修改>平滑"命令，在弹出的"平滑选区"对话框中设置"取样半径"为2像素，单击"确定"按钮平滑选区曲线。

1. 设置

平滑选区

取样半径(S)：2　像素　　确定

应用画布边界的效果　　　　取消

2. 单击

Point 3 填充选区

利用"填充"命令可以在当前图层或选区内填充颜色或图案，同时也可以设置填充时的不透明度和混合模式。需要注意的是，文字图层和被隐藏的图层不能使用"填充"命令进行填充。

1

双击"背景"图层，在弹出的"新建图层"对话框中输入"名称"为"模特"，单击"确定"按钮，将默认背景图层转换为普通图层。

2

按下Delete键将所选区域内的图像清除，可以看到白色背景被清除，此时背景为透明。

3

选中"模特"图层，按住Alt键的同时向上拖动该图层，复制图层得到"模特 拷贝"图层，并移至"模特"图层上方。

 Tips **复制图层的其他方法**

除了上述介绍的复制图层方法外，还可以通过Ctrl+J组合键的方式快速复制图层。

4

设置前景色为黑色，选中"模特"图层，按下G键启用油漆桶工具填充选区。由于"模特"图层被"模特 拷贝"图层覆盖，我们可以隐藏"模特 拷贝"图层查看填充效果。

5

单击"图层"面板中的"创建新图层"按钮，创建新图层并命名为"背景"，将其置于所有图层的最底部。

6

设置前景色色值为#ec5298，按下Ctrl+D组合键取消选区，再使用油漆桶工具填充"背景"图层。

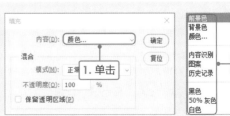

Tips **填充选区的内容**

使用任意选框工具在选区上右击，在快捷菜单中选择"填充"命令，在打开的对话框的"内容"列表中选择填充内容。填充选区的内容包含"前景色""背景色""颜色""内容识别""图案""历史纪录""黑色"和"50%灰色"等。

Point 4 使用画笔润色图像

画笔工具是图像修饰过程中使用频率最高的工具之一，它可以使用前景色绘制出各种想要的形状、线条等，同时也可以修改蒙版。

1

显示"模特 拷贝"图层，此图层的作用是帮助设计者定位原图像各元素的位置，以便为"剪影"在恰当的地方绘制点睛色彩。

2

使用吸管工具取样背景色的颜色，按下B键启用画笔工具。选中"模特"图层，沿着模特帽子上的线条进行绘制。

3

使用画笔工具绘制的线条其实是作用在"模特"图层上的，绘制完成后，隐藏"模特 拷贝"图层，可以看到"模特"图层上的效果。

Tips **作用图层**

作用图层是使用Photoshop工具进行编辑的当前图层。选中图层即该图层处于被编辑状态。

4

显示"模特 拷贝"图层，按照相同的方式，在右侧模特肩膀部位沿原图像的衣物线条进行绘制，即可为右侧模特绘制肩膀的线条。

绘制肩膀线条

5

下面对左侧模特进行修饰，首先使用画笔工具勾画原图像的手提包轮廓。

6

再次隐藏"模特 拷贝"图层，查看绘制的手提包轮廓效果。

查看手提包轮廓

 Tips **设置画笔属性**

画笔的大小是可以通过画笔工具栏的"画笔预设"选取器进行调整的，除了画笔大小，我们还可以根据需要设置笔尖的形状和硬度。

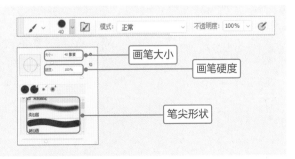

画笔大小

画笔硬度

笔尖形状

7

在画笔工具栏的"画笔预设"选取器中调整画笔的大小至合适数值，同时调整画笔颜色的"不透明度"，利用颜色深浅和线条粗细的变换对手提包进行润色，然后查看绘制手提包的效果。

手提包润色

8

接着，绘制左侧模特的腰带部分，需要注意的是使用背景色覆盖原图像腰带的黑色部分，而腰带发光的亮珠则为剪影的黑色效果。

勾画此处轮廓

9

使用画笔工具将腰带的大致形状绘制出来，重新设置前景色为黑色，绘制腰带扣的轮廓。

绘制腰扣

10

调整画笔工具大小为1像素、"不透明度"为50%，根据原图像腰带亮珠的位置对腰带进行润色。打开"修饰素材.psd"文档，在适当的位置对作品进行修饰。至此，本案例制作完成。

最终效果

使用选区工具精确绘制选区

合理使用选区工具将创建的选区缩减到较为精确的范围，能够减少图像后期的处理工作。Photoshop中调整选区的工具除了之前介绍过的魔棒工具外，还有套索工具、磁性套索工具、快速选择工具及"色彩范围"命令等，下面进行具体操作。

1

首先，介绍套索工具的使用方法。在Photoshop中打开"选区调整素材.jpg"文件，在工具箱中选择套索工具，沿着橙子的轮廓绘制选区。

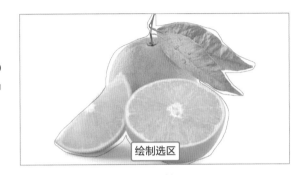

绘制选区

2

由于套索工具是通过手动绘制选区的，虽然较为灵活，但选区范围不精确往往需要更进一步地调整。

套索工具创建的选区

3

按下Ctrl+D组合键取消选区，选择工具箱中的磁性套索工具重新创建选区，锚点自动确定选区。磁性套索工具是系统根据颜色差异自动识别对象边界，使用锚点沿着对象边缘进行固定的选区工具，其创建的选区具有准确性和易于操作的特点。

磁性套索工具创建的选区

Tips **取消选区**

按下Ctrl+D组合键或单击鼠标右键，在弹出的快捷菜单中选择"取消选择"命令，可以将当前已经创建的选区取消。

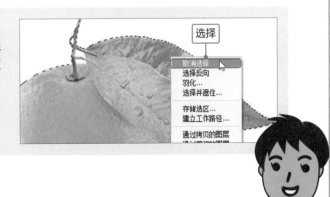

选择

取消选择
选择反向
羽化...
选择并遮住...

存储选区...
建立工作路径...

通过拷贝的图层

4

再次取消选区，使用快速选择工具创建选区。快速选择工具可以利用调整的圆形笔尖迅速绘制出选区，而且能够自动寻找并沿着图像的边缘来描绘边界。

使用快速选择工具绘制选区

5

快速选择工具同样无法为对象创建特别精确的选区，因此如果想要得到比较精确的选区，需要进行后期处理。

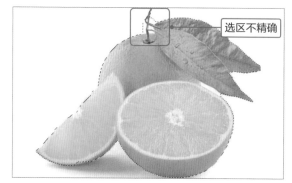

选区不精确

6

"色彩范围"命令是功能较为强大的选区创建工具，执行"选择>色彩范围"命令，将打开"色彩范围"对话框。"选择"下拉列表用来设置选区的创建方式。设置"选择"为"取样颜色"时，光标会变成吸管的形状，可以对图像上的颜色进行取样，利用提取颜色的相似度确定选区范围。

1. 选取颜色

2. 调整容差

7

设置"选择"为"红色""黄色""绿色"或"青色"等选项时，系统自动选择图像中用户所设定的颜色。

选择特定颜色

8

选择"高光""中间调"或"阴影"选项时，系统自动选择图像中的特定色调。如选择"高光"时，系统自动选择高光选区。

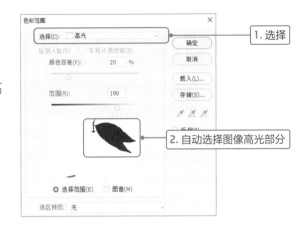

9

选择"肤色"选项时，会自动检测皮肤区域。如打开"人脸.jpg"素材文件后，执行"选择>色彩范围"命令，在"色彩范围"对话框中设置"选择"为"肤色"选项后，查看系统自动选择的选区效果。

10

选择"溢色"选项时，可以选择图像中的溢色部分。如素材中橘子的溢色部分已经被自动检测并选中。

11

颜色的相似程度则通过调整容差值来掌握，以此决定选区的范围和精确度。容差越小，颜色相似度要求越高，选区范围越小越精确，反之，选区越大范围越广。用户可以比较容差为150和容差为50的选区范围的效果。

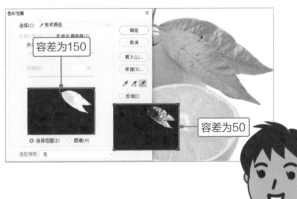

平面图像的
简单设计

制作科幻大片感海报

历历哥想要为即将上映的科幻电影做宣传海报，他希望电影的主人公能够和人工智能机器人进行创意组合，体现出科幻电影打斗场面震撼的视觉效果。历历哥找到小蔡，嘱咐他在制作海报的时候，要大开脑洞，使各元素既能和谐呼应又能产生未来科技的惊艳感，除此之外也要体现战场的残酷紧张感，小蔡了解情况后立刻着手创作。

NG! 菜鸟效果

⚠ 背景平淡无奇，较为单调

⚠ 金属管植入效果粗糙，过渡明显不自然

⚠ 没有添加图层样式，凹陷效果一般

作为科幻大片感的海报，此作品缺少背景的烘托和视觉的平滑过渡感。背景虽然通过云雾制造了神秘感，但空白感较强，显得较为单调。金属管植入皮肤的特效没有进行细节加工，比较生硬，没有科技的真实感。

MISSION!

3

制作科幻创意海报不仅需要创意满满、脑洞大开，还要求对图像进行渲染和修饰。本案例将机器人与战士良好地融合，并通过其破碎的面孔旁敲侧击地表现战争的残酷以及战况的激烈，震撼人心。同时，将电线植入战士皮肤的创意，使智能机器人战士的形象更加鲜明。

10%

50%

100%

逆袭效果 OK!

通过应用图层样式，凹陷效果更加突出

对金属管植入效果进行了更多的细节处理，科幻效果更加逼真

在背景中添加了其他人物元素，给人增加了想象空间

首先在背景上加入了其他战士的"影子"，给人可以联想的人物线索；其次，金属管皮肤植入的细节处理——皮肤凸出效果，给科幻效果带来真实感受；最后，图层样式的添加，让皮肤破裂的凹陷感更加强烈，从侧面显现了战争的残酷。

加深部分皮肤效果

要在战士脸上制作撕裂的效果，需要使用颜色加深工具，在绘制的选区范围内进行修饰，能够使效果具有立体感。

1

在Photoshop中打开"金刚狼素材.jpg"文件，并将其重命名为"科幻大片感海报"，然后保存为PSD文件。

打开文件

2

在工具箱中选择快速选择工具，调整笔尖至合适大小，在人物左脸绘制不规则选区。

绘制选区

3

在工具箱中选择加深工具，调整笔尖大小为15像素，笔尖形状选择"柔边圆"，沿着选区边缘进行颜色加深，使战士脸部出现选区形状的凹槽效果。完成后按下Ctrl+D组合键，取消选区。

1. 画笔大小为15像素

2. 笔尖形状为"柔边圆"

 Tips　减淡工具的使用

减淡工具和加深工具是一组功能相反的工具，可以对原图像进行减淡处理。

调整画笔大小　　调整减淡效果的强度

Point 2 制作受伤的眼睛效果

"图层蒙版"功能能够在不损害原图像的情况下修改图像内容。蒙版模式下的画笔，只有黑白两种颜色，白色显示原图像内容，黑色隐藏原图像内容，自由调整、灵活简单。下面介绍使用图层蒙版制作战士左侧眼睛受伤效果的具体操作。

1

将"机器人素材.psd"文件直接拖入"科幻大片感海报.psd"文件中，并更改图层名称为"机器人"。按Ctrl+T组合键，调整图层的大小和位置。

调整图层大小和位置

2

单击"图层"面板中的"添加图层蒙版"按钮，为"机器人"图层添加蒙版。

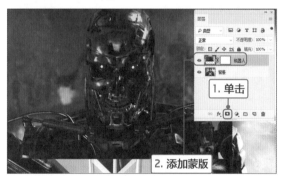
1. 单击
2. 添加蒙版

3

选择画笔工具，将画笔调整到合适大小。设置前景色为黑色，将图像中多余的部分"隐藏"起来，只显示脸部。

隐藏多余图像

Tips 蒙版使用原理

蒙版模式下，使用黑色的画笔能够将图像内容隐藏，即为透明效果，白色则将原图像内容显现出来，如果停用或删除蒙版，则图像恢复原有内容。

黑色画笔

白色画笔

10%
50%
100%

4

调整图像的色调，使其与整体设计图的色调相符合。选中"机器人"图层，按下Ctrl+L组合键，打开"色阶"对话框。

5

调整"色阶"数值从左到右依次为7、1.58和66，使机器人的颜色与整体效果相互映衬。

6

观察机器人头像与战士头像，战士的头部微微向下低垂，而机器人的头部较为水平。因此调整机器人头部的水平透视效果，使其稍稍向下低垂。执行"编辑>变换>透视"命令，将定界框下部分两侧控制点向内水平收缩，将上部分的两侧控制点向外水平拉伸。

Tips 透视效果

使用"透视"命令可以对变换对象应用单点透视。拖曳定界框4个角上的控制点，可以在水平或垂直方向上对图像应用透视，右图分别为图片应用水平透视和垂直透视，用户可对比效果。

水平透视效果

垂直透视效果

7

选中"机器人"图层的图层蒙版缩览图，设置前景色为黑色，使用画笔工具绘制脸部凹陷轮廓，隐藏部分图像内容。

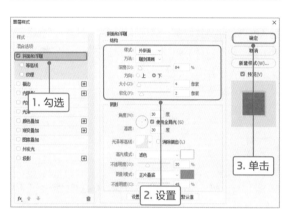

8

要为"机器人"图层添加图层样式效果，让脸部凹陷效果更加明显，则首先双击"机器人"图层，在弹出的"图层样式"对话框中勾选"斜面和浮雕"复选框，在右侧面板中设置样式为"外斜面"、方法为"雕刻清晰"、深度为84%、方向为"下"、大小为4像素和软化为2像素，其他选项保持不变。

9

此时可以看到，添加"斜面和浮雕"图层样式的图层效果上要优于原图像。

 Tips　图层样式的作用

"图层样式"是制作质感效果的常用工具，其以使用简单、修改方便的特性广受用户青睐。添加"图层样式"的图层下部会出现样式效果的类型，单击前面的"眼睛"图标可以隐藏效果。

Point 3 制作头部电线效果

执行"编辑>变换>变形"命令，可以操控图像并根据用户需要改变图像原始型态。Photoshop的"变形"功能非常强大，是进行创意设计的常用工具，通过操控变形网格和锚点能够彻底改变原图像的形态。下面通过为人物的头部添加电线特效的例子，详细介绍"变形"命令的使用方法。

1

打开"机器人.psd"素材文件后，执行"窗口>通道"命令，打开"通道"面板，可以看到事先存储的"电线"通道路径。

2

选择"电线"通道，单击"将通道作为选区载入"按钮，可以看到通道已经作为选区载入。

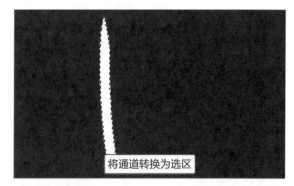

3

单击选中RGB通道后，可以看到选区中原图像的内容。

Tips 通道的原理

通道是用于存储图像颜色信息和选区信息等不同类型信息的灰度图像。Alpha通道主要用于选区的存储编辑与调用通道，它是一个8位的灰度通道，可用256级灰度来记录图像中的透明度信息，定义透明、不透明和半透明区域。其中黑色为未选中状态，白色为选中状态，灰色为羽化区域。

4

按下Ctrl+C组合键，复制选区内容。切换到"科幻大片感海报.psd"文件，按下Ctrl+V组合键将选区内容复制到此文件下，并更改图层名称为"金属管"。

复制选区内容

5

按下Ctrl+L组合键，打开"色阶"对话框，调整图层色调，数值从左到保依次为2、1.26和93，单击"确定"按钮，完成金属管色调的调整。

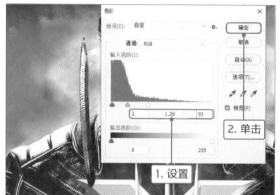

1. 设置

2. 单击

6

按住Alt键的同时选中金属管图层并拖动两次，复制两个金属管，并将复制的图层命名为"金属管1"和"金属管2"。

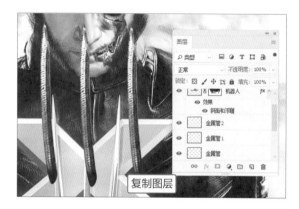

复制图层

7

选中"金属管"图层，按下Ctrl+T组合键执行自由变换操作，然后单击鼠标右键，在弹出的快捷菜单中选择"顺时针旋转90度"命令，将金属管调整为水平状态。

选中

将金属管变为水平

8

将金属管适当缩小，直到与人脸比例合适。执行"编辑>变换>变形"命令，拖动锚点使金属管变形为弯曲形状。

将金属管弯曲

9

按照同样的方法对"金属管1"和"金属管2"进行弯曲操作，并放在人物的右侧。

将所有金属管弯曲

10

在工具箱中选择橡皮擦工具，依次对三根金属管两端进行适当修饰。设置橡皮擦画笔笔尖形状为"柔边圆"，调整合适的画笔大小，在金属管两端边缘擦拭。

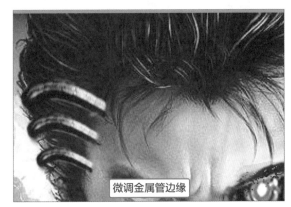

微调金属管边缘

Tips **橡皮擦工具**

橡皮擦工具可以将像素更改为背景色或透明。在工具箱中选择橡皮擦工具后，可以在属性栏中更改"模式"的类型，其中包括"画笔""铅笔"和"块"3种类型，均可更改笔尖形状和大小等；"不透明度"可以调整擦除的透明效果，此功能常用于制作朦胧效果。

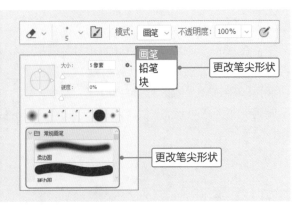

更改笔尖形状

更改笔尖形状

Point 4 制作电线植入皮肤的效果

使用钢笔工具绘制路径后，可以直接对路径进行描边或填充，并且描边和填充的形状及效果可以进一步设置。在进行图像的实际编辑过程中，填充路径是种很实用、灵活性高的工具。下面通过制作金属管植入皮肤的效果，介绍填充路径的使用方法。

选中"金属管"图层，按下快捷键P启用钢笔工具，接着，沿着金属管右侧边缘周围绘制闭合的路径。

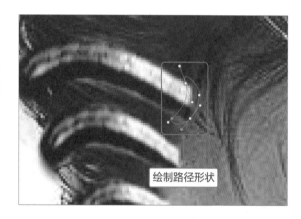

绘制路径形状

2

在路径上单击鼠标右键，在弹出的快捷菜单中选择"填充路径"命令。

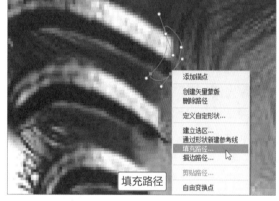

填充路径

3

在弹出的"填充路径"对话框中设置"内容"为"颜色"，在弹出的"拾色器（填充颜色）"对话框中输入色值为#6c4b48，调整"混合"选项区域中的"不透明度"为80%；"渲染"选项区域中"羽化半径"为2像素。

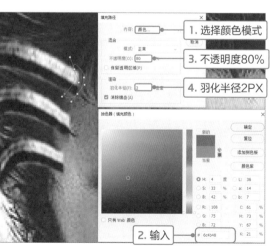

1. 选择颜色模式

3. 不透明度80%

4. 羽化半径2PX

2. 输入

Tips 像素的定义

像素又称为点阵或光栅，是构成位图图像的最基本单位，通常缩写为PX。如果把数字图像放大数倍，则会发现图像是由许多色彩相近的小方点组成，这些小方点就是构成图像的最小单位——像素。

4

单击"确定"按钮，可以看到填充的路径效果。此时，可以看到逐渐有金属管植入皮肤的效果了。用户还可以再次"填充路径"，然后查看效果。

填充两次

5

按下快捷键B启用画笔工具，设置前景色为#7c5d59，再设置画笔大小为3像素、笔尖形状为"柔边圆"，然后在金属管与皮肤之间的边缘处进行描绘，使其边缘轮廓更清晰。

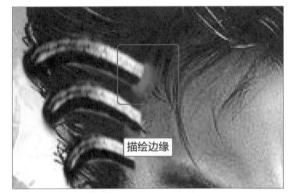

描绘边缘

6

在工具箱中选择减淡工具，接着在属性栏中调整"曝光度"为40%，其他参数保持不变。使用减淡工具在凸出皮肤的中间及钢管与皮肤的边缘处进行涂抹，制作出逼真的金属管植入皮肤的效果。

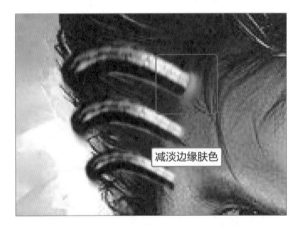

减淡边缘肤色

7

按照同样的方式，制作出其他两个金属管植入皮肤的效果。

按照相同方式制作植入效果

8

在工具箱中选择模糊工具，并在属性栏中设置"强度"为64%、笔尖形状为"柔边圆"、画笔大小为8像素。然后在三个金属管凸出皮肤的底部边缘进行模糊处理。

模糊底部边缘

9

按下快捷键E启用橡皮擦工具，设置橡皮擦"不透明度"为50%、橡皮擦大小为1像素。选中"金属管"图层，使用橡皮擦工具将被图层盖住的人物头发擦出。

将头发擦出

10

最后，为整个海报的背景添加修饰元素。首先将"背景修饰.psd"文件直接拖入到"科幻大片感海报.psd"文件中，置于"背景"图层上方并调整到合适位置。再将"文字素材.psd"文档置入，并调整至合适的大小和位置。至此，科幻大片感海报制作完成。

最终效果

Tips 模糊工具

"模糊工具"可以柔化硬边缘或减少图像中的细节，使用该工具在某个区域上方绘制的次数越多，该区域就越模糊。更改"模式"可以设置模糊工具的混合效果；"强度"可以设置模糊强度。

选择模式类型

调整强度值

技能点拨

使用"变换"命令编辑图像

在案例的制作过程中，已经对变换命令有了初步的认识，但它的功能除了前面介绍的几种外，还有"缩放""旋转""斜切""扭曲"以及"自由变换"等，这些功能都有属于自己的组合键，在编辑图像时合理使用组合键能够达到事半功倍的效果。

1

执行"编辑>变换>缩放"命令可以相对于变换对象的中心点对图像进行缩放。如果不按住任何组合键，可以任意缩放图像。

任意缩放图像

2

在执行"缩放"命令时，如果按住Shift键，可以等比例缩放图像；如果按住Shift+Alt组合键，可以以中心点为基准等比例缩放图像，右图为等比例缩放图像和以中心点为基准等比例缩放图像的对比效果。

等比例缩放

以中心点为基准等比缩放

3

执行"编辑>变换>旋转"命令，可以围绕中心点转动变换对象。如果不按住键盘上的任何按键，可以以任意角度旋转图像；如果按住Shift键，可以以15°为单位旋转图像。右图展示了任意旋转图像和以15°为单位旋转图像的对比效果。

任意旋转

旋转15度

4

执行"编辑>变换>斜切"命令，可以在任意方向、垂直方向或水平方向上倾斜图像。如果不按键盘上的任何按键，可以在任意方向上倾斜图像；按住Shift键，可以在垂直或水平方向上倾斜图像。右图展示了任意方向上倾斜图像与在水平方向上倾斜图像的对比效果。

任意斜切

水平斜切

5

执行"编辑>变换>扭曲"命令，可以在各个方向上伸展变换对象。如果不按住任何按键，可以在任意方向上扭曲图像；如果按住Shift键，可以在垂直或水平方向上扭曲图像。

任意扭曲

水平扭曲

6

自由变换其实也是变换中的一种，按Ctr+T组合键可以使所选图层或选区内的图像进入自由变换状态。

"自由变换"命令与"变换"命令相似，但是"自由变换"命令可以在一个连续的操作中应用旋转、缩放、斜切、扭曲、透视和变形，不需要进行命令切换，效率更高。

按下Ctr+T组合键

7

在"自由变换"状态下Ctrl、Alt和Shift这3个键经常一起搭配使用。

按住Shif+Ctrl组合键并使用鼠标拖曳定界框4个角上的控制点，可以形成直角梯形变换；拖曳定界框侧边的控制点，可以形成对边不变的平行四边形变换。

直角梯形变换

平行四边形变换

8

按住Shif+Ctrl+Alt组合键，使用鼠标左键拖曳定界框4个角上的控制点，可以形成以等腰梯形、三角形或相对等腰三角形方式变换；使用鼠标左键拖曳定界框边上的控制点，可以形成以中心对称等高或等宽的自由平行四边形方式变换。

等腰梯形变换

中心对称平行四边形变换

图像的基本编辑操作

1. 修改图像尺寸

在处理图像时，为了避免文件过大需要降低图像像素，或者图像素材尺寸与需要的尺寸不符，都需要对其尺寸进行特定修改，下面介绍具体操作方法。

步骤01 打开"修改图像尺寸.psd"文件，按下Ctrl+Alt+I组合键打开"图像大小"对话框，可以看到文件大小为86.2M，如下左图所示。

步骤02 修改图像文件的宽度及高度。首先将图像单位由"厘米"调整为"像素"，此时可以看到宽度为4252像素，高度为5315像素。

 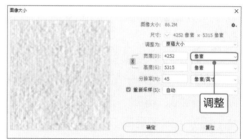

步骤03 更改高度为2000像素，此时系统将自动按照约束比例调整高度，调整后的高度为2500像素。此时可以看到文件大小降低为19.1M，如下左图所示。

步骤04 单击"确定"按钮，完成图像像素及大小的调整，可以看到图像明显变小，如下右图所示。

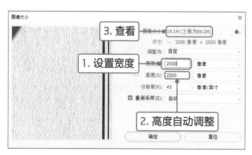 

2. 修改图像分辨率

分辨率是指位图图像中的细节精细度，测量单位是像素/英寸（ppi），每英寸的像素越多分辨率就越高。一般来说，图像分辨率越高，印刷出来的效果就越好，当然弊端就是所占空间也越大。需要注意的是，定义分辨率要在进行图像编辑前，凭空增大分辨率，图像并不会变得更精细。

步骤01 打开"修改图像分辨率.psd"文件，按下Ctrl+Alt+I组合键，打开"图像大小"对话框，可以观察到图像的默认分辨率为300，如下左图所示。

步骤02 在"图像大小"对话框中将"分辨率"更改为150，此时可以观察到图像也会随之而减小，如下右图所示。

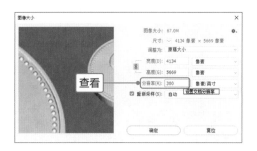

3. 修改画布大小

修改画布大小区别于修改图像大小，画布大小的改变不会使原始图像大小发生变化。增大画布大小，增大的部分使用选定的颜色进行填充；减少画布大小，图像则会被裁剪掉一部分。下面介绍具体操作方法。

步骤01 打开"修改画布大小.psd"文件，按下Ctrl+Alt+C组合键，打开"画布大小"对话框，可以看到"当前大小"选项区域中显示的是文档的实际大小，以及图像的宽度和高度的实际尺寸，"新建大小"选项区域显示的是修改画布尺寸后的大小，如下左图所示。

步骤02 当输入的高度和宽度大于原画布尺寸时，画布会增大，增大的部分按"画布扩展颜色"的指定颜色填充，这里选择黑色，效果如下右图所示。

步骤03 当输入的高度和宽度小于原画布尺寸时，Photoshop会裁剪超出画布区域的图像，这里输入宽度2000像素、高度3000像素，效果如下图所示。

使用钢笔工具或矢量形状工具绘制图形后，需要对其填充相关内容以丰富图像色彩，从而充分传达设计用意，下面对路径的填充方式进行详细介绍。

步骤01 使用钢笔工具或形状工具（自定义形状工具除外）状态下，在绘制完成的路径上右击，在弹出的快捷菜单中执行"填充路径"命令，如下左图所示。

步骤02 在打开的"填充路径"对话框中可以对填充内容进行设置，这里包含多种类型的填充内容，另外可以设置当前填充内容的混合模式及不透明度等属性，如下右图所示。

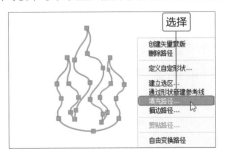
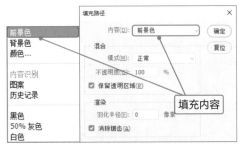

步骤03 下面尝试使用"颜色"与"图案"填充路径，对比效果如下图所示。

填充颜色

填充图案

4. 模糊工具

模糊工具可以降低图像中相邻像素之间的对比度，从而使图像中像素与像素之间的边界区域变得柔和，产生一种模糊效果。

步骤01 打开"海星.psd"素材文件，在模糊工具选项栏的"模式"中分别选择"变暗"和"变亮"，绘制相同次数，对比效果如下图所示。

变暗模式

变亮模式

步骤02 选项栏中的"强度"参数用于设置模糊工具的模糊强度。调整"强度"的数值能够获得不同的模糊效果，下图分别是强度为50%和强度为100%并绘制相同次数后的对比效果。值得注意的是，使用该工具在某个区域上方绘制的次数越多，该区域就越模糊。

5. 锐化工具

锐化工具与模糊工具相反，它可以增强图像中相邻像素之间的对比，以提高图像的清晰度，下面介绍具体应用。

步骤01 锐化工具选项栏中的"模式"用来设置锐化工具的混合模式，包括"正常""变暗""变亮""色相""饱和度""颜色"和"明度"，同模糊工具的原理相同，不同的模式有不同的锐化效果。这里选用"正常"和"色相"模式进行对比。打开"狗狗.psd"素材文件，在锐化工具选项栏的"模式"中分别选择"正常"和"色相"模式，并绘制相同次数，对比效果如下图所示。

步骤02 锐化工具与模糊工具的大部分选项相同，但"保护细节"是较之特别存在的，在锐化工具选项栏中勾选"保护细节"复选框后，在进行锐化处理时，将对图像的细节进行保护，其选项栏参数及前后对比效果如下图所示。

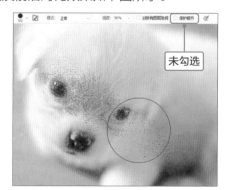

6. 涂抹工具

涂抹工具可以模拟手指划过湿油漆时所产生的效果。该工具可以拾取光标单击处的颜色，并沿着拖曳的方向展开这种颜色。涂抹工具与模糊工具等工具的大部分选项相同，但"手指绘画"是其特有的，勾选该复选框后，可以使用"前景色"进行涂抹绘制。

打开"向日葵花.psd"素材文件，设置前景色为白色，使用涂抹工具进行绘制，其选项栏参数及前后对比效果如下图所示。

7. 减淡工具和加深工具

减淡工具可以对图像的"亮部""中间调"和"暗部"分别进行减淡处理，使用该工具在某个区域上绘制的次数越多，该区域就会变得越亮。加深工具的作用则相反，下面对两种工具的效果进行对比。

打开"雪人.psd"素材文件，分别使用减淡工具和加深工具绘制相同次数，在其选项栏中选择"模式"均为"中间调"，设置"曝光度"数值同为100%，对比效果如下图所示。

图像的绘画基础

Photoshop的绘画功能非常强大，可以帮助用户完成媲美实际绘画过程中的各种创作。使用钢笔工具和矢量工具能够快速而精准地绘制出理想的形状，熟练运用绘图模式中的路径和锚点是能否绘画出富含创意图形的关键。另外，钢笔工具的功能不仅限于绘画，其他功能的应用将在下面的章节中进行详细讲解。

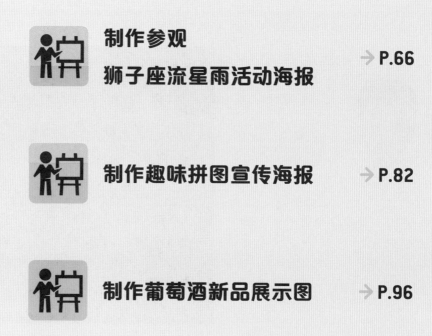

Mission

图像的
绘画基础

制作参观狮子座流星雨活动海报

眼看狮子座流星雨即将到来，历历哥准备组织公司员工前去观看，以丰富企业文化，提高软实力。他叫来小蔡商量，希望制作一张主题为狮子座星空的海报宣传活动信息。历历哥的要求简单明确，宣传海报要体现夜晚星空中狮子座星系的耀眼和浪漫，以此吸引大家踊跃参加。小蔡对这次的设计跃跃欲试，希望能够将他对这次活动的期待用宣传海报表达出来。

NG! 菜鸟效果

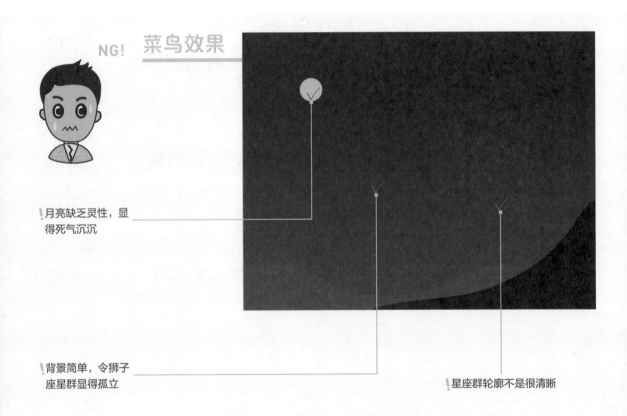

月亮缺乏灵性，显得死气沉沉

背景简单，令狮子座星群显得孤立

星座群轮廓不是很清晰

小蔡虽然在设计时花了不少心思，但缺少一些细节的处理，例如，忽略了月亮应有的光辉，像仅仅填充了一个正圆。作为陪衬的群山轮廓，虽然运用了渐变效果，但还是显得较为单调。此外，狮子座群星给人的整体感觉不是很清楚。

MISSION!
1

制作活动宣传海报，我们应该清楚海报需要传达的活动主题。本案例将使用钢笔工具、应用路径及画笔等绘图工具制作神奇、璀璨的狮子座星空图，借月光以寄情，凭想象以徜徉，意在使人们产生兴趣、吸引其踊跃参加，体现公司期望员工相聚一堂、和谐美好的愿景。

10 %

50 %

100 %

逆袭效果 OK!

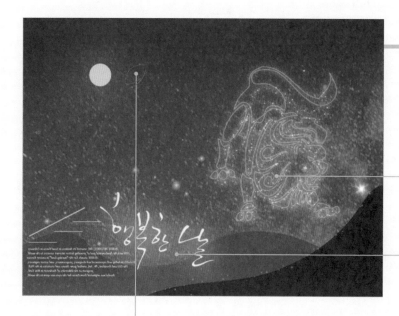

再次对路径描边后，轮廓更清晰

群山经过修饰后与润色美化的天空相得益彰

添加样式效果，月亮表现出柔美的月光

为月亮添加"外发光""描边"等样式进行修饰，使其散发出柔美的光辉，为整个作品添加了活力。使用不同的"笔尖形状"对狮子座群星的路径进行二次描边后，星座轮廓显得更加清晰。最后，将群山及背景天空进行美化润色，使画面感更加和谐。

创建渐变背景

制作星空图时，首先应该有一个层次感的夜空背景，使用渐变填充工具可以轻松制作。除此之外，星座群可以使用画笔工具绘制，月亮的形状则使用矢量工具绘制。下面介绍具体的操作方法。

1

打开Photoshop CC软件，按下Ctrl+N组合键，在打开的对话框中新建文件，并命名为"狮子座星空图"，设置文件宽度为1024像素、高度为768像素、分辨率72、颜色模式为RGB 8位、背景内容为"白色"，单击"确定"按钮。

2

在工具箱中选择渐变工具，然后在渐变工具选项栏中单击"线性渐变"按钮。然后单击渐变颜色条，即可弹出"渐变编辑器"对话框。

3

在"预设"选项组中选择"前景色到背景色渐变"样式，然后选中"渐变颜色条"左侧"色标"，单击"色标"选项组中的"颜色"按钮，在弹出的"拾色器"对话框中输入色值为#0A1020。选中右侧"色标"，按照同样的方式，输入色值为#282F64，单击"确定"按钮，重新调整渐变色。

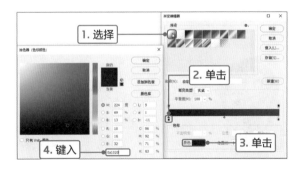

Tips 渐变颜色条的色标

"色标"位于"渐变颜色条"的下部,是可以拖动的滑块,能够控制两个以上的颜色类型及颜色渐变的范围。

10
%

4

按住Shift键从整个图像上边缘到下边缘竖直拖动,填充渐变背景。

创建背景

50
%

100
%

Tips 渐变工具选项栏简介

渐变工具的应用非常广泛,不仅可以填充图像,还可以用来填充"蒙版"及"通道"等。渐变工具可以在整个文档或选区内填充渐变色。选项栏的功能包括:

- 渐变颜色条:显示了当前的渐变颜色,单击右侧的倒三角图标,可以打开"渐变"拾色器。如果直接单击渐变颜色条,则会弹出"渐变编辑器"对话框,在该对话框中可以编辑渐变颜色或保存渐变等。
- 渐变类型:包括"线性渐变""角度渐变""对称渐变"及"菱形渐变",合理运用,能够产生不同的渐变效果。
- 模式:用来设置应用渐变时的混合模式。
- 不透明度:用来设置渐变色的不透明度。
- 反向:勾选该复选框,转换渐变中的颜色顺序,得到反方向的渐变效果。
- 仿色:勾选该复选框,可以使渐变效果更加平滑。
- 透明区域:勾选该复制框后,可以创建包含透明像素的渐变。

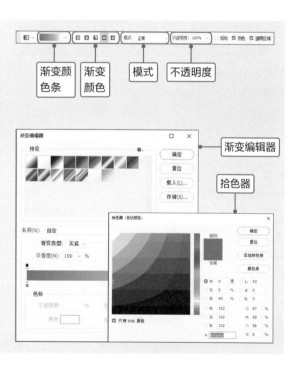

渐变颜色条 | 渐变颜色 | 模式 | 不透明度

渐变编辑器

拾色器

Point **2** 绘制群山图形

使用钢笔工具绘制图形后，将绘制的图形转换为选区后进行适当的操作，会产生令人惊艳的效果，诀窍是灵活调整锚点的平滑点，下面介绍具体操作。

1

按下P键启用钢笔工具，在图像底部绘制出群山轮廓的闭合曲线。用户可以通过按住Ctrl键来控制直接选择工具及平滑点。

绘制山群

 Tips **使用钢笔工具绘图技巧**

值得注意的窍门是，想要画出轮廓平滑的图形，就尽量少用锚点、善用锚点的平滑点。例如，绘制拐弯处的锚点时按住鼠标左键拖曳并调整角度，一个弧度圆润的山峰就出现了。

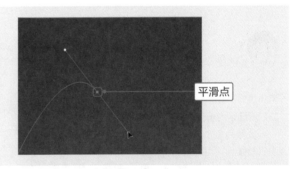

平滑点

2

打开"路径"面板，单击"将路径作为选区载入"按钮，将路径转换为选区。
在"图层"面板中新建图层并命名为"群山1"，同时选中该图层。

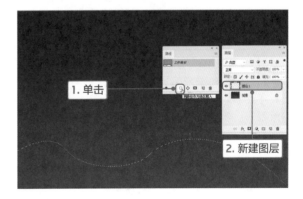

1. 单击

2. 新建图层

 Tips **图层的使用技巧**

使用图层进行图像处理的原理是将多个图层的图像进行叠加，最后拼成一个富有创意和美感的图像。因此应该尽可能地将组成图像的元素放置在不同的图层中，便于后期的调整和修改。

3

选择渐变工具，单击选项栏中的渐变颜色条，在弹出的"渐变编辑器"对话框中双击左侧"色标"滑块，在弹出的"拾色器"对话框中输入色值为#1f2652。同样的方式，设置右侧"色标"的色值为#272c61。

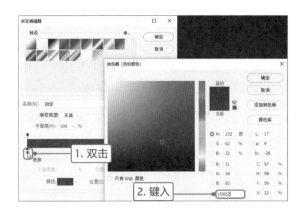

10
%

4

按住Shift键从图像上边缘到下边缘竖直拖动，填充渐变背景，然后按Ctrl+D组合键取消选区。

50
%

选区渐变填充

100
%

5

按照同样的方法新建"群山2"和"群山3"图层，分别在两个图层上使用钢笔工具绘制两个群山形状。

绘制两个群山

Tips **将路径转为选区的其他方法**

在"路径"面板中按住Ctrl键的同时单击路径缩略图，可以快速将路径作为选区载入。

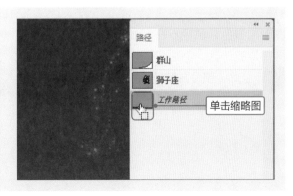

6

然后使用渐变工具填充新建的两个群山，渐变颜色逐次稍浅，即可完成群山的制作。

查看最终的群山效果

7

在所有图层的最上部新建一个图层并命名为"山脊"，设置前景色为黑色，再次使用钢笔工具绘制山脊的形状。

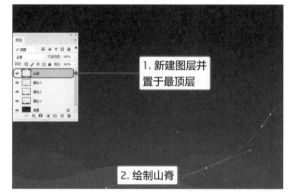

1. 新建图层并置于最顶层

2. 绘制山脊

8

右击山脊形状，在弹出的快捷菜单中选择"建立选区"命令，则会弹出"建立选区"对话框，保持参数不变，单击"确定"按钮，将路径转为选区。

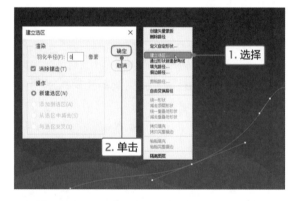

1. 选择

2. 单击

9

设置前景色为黑色，在工具箱中选择油漆桶工具并填充选区，然后分别调整山群的"不透明度"。至此，整个背景环境制作完成。

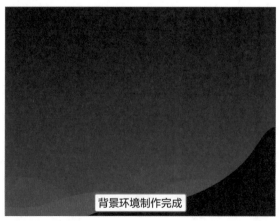

背景环境制作完成

Point 3 创建狮子座选区

"色彩范围"命令能够根据颜色确定选区，当所要选择的图像颜色分明、杂糅较少时，可以较为快速准确地创建选区。本案例使用的狮子座星群素材颜色较为单一，故而使用此命令是创建选区的最佳方法，下面介绍具体操作步骤。

1

打开"狮子座素材.psd"文件，将狮子图像直接拖曳到"狮子座星空图.psd"文件中并将图层重命名为"狮子座"，按下Ctrl+T组合键对置入素材执行自由变换操作，将图像调整到合适大小和位置。

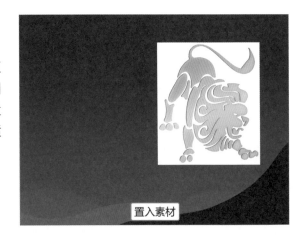

置入素材

2

执行"选择>色彩范围"命令，在弹出对话框的"选择"列表中选择"黄色"选项，此时系统自动创建颜色为黄色的选区。单击"确定"按钮，创建选区。

3

按下Ctrl+Shift+I组合键反选选区，然后按Delete键清除选区内的图像，按下Ctrl+D组合键取消选区，使用移动工具将图像移动到合适位置。

删除背景

Point 4 制作狮子座群星效果

将创建的选区转换成工作路径后，能够通过改变锚点的位置和曲线的弯曲程度完成图形的再次编辑。有了原图像作为模型，用户可以节省很多绘图时间，从而提高工作效率，下面进行具体操作。

1

按住Ctrl键单击"狮子座"图层的缩略图，载入狮子的选区。然后打开"路径"面板，对之前的群山路径进行保存，方便后续使用。
双击"路径"面板中的"工作路径"，在弹出的"存储路径"对话框中输入名称为"群山"，单击"确定"按钮保存路径。

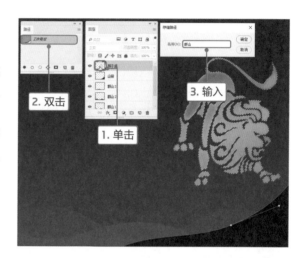

2

单击"路径"面板下方的"从选区生成工作路径"按钮，把选区转换成工作路径。

3

双击"工作路径"，按照保存群山路径的方法保存狮子的路径，在"存储路径"对话框中命名路径为"狮子座"。

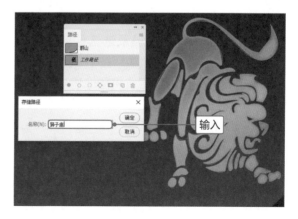

Tips 保存路径的其他方法

在"路径"面板的右上角有一个隐藏菜单栏，单击菜单按钮可以看到很多功能选项，选择"存储路径"选项，在打开的对话框中保存路径即可。

选择

4

单击"狮子座"图层前眼睛图标，隐藏"狮子座"图层，保持"狮子座"路径为选中状态。

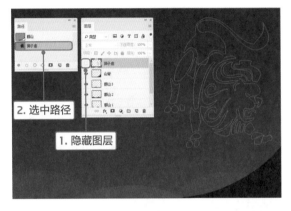

2. 选中路径

1. 隐藏图层

5

按下B键启用画笔工具，在画笔工具选项栏中单击"切换画笔面板"按钮，在弹出的"画笔设置"面板中调整"画笔笔尖形状"参数，设置"大小"为5像素、"间距"为400%。

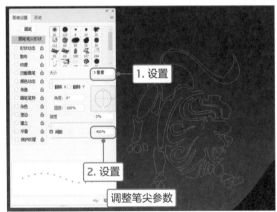

1. 设置

2. 设置

调整笔尖参数

6

设置"形状动态"的大小抖动为100%，其他参数保持不变，此时可以看到画笔形状发生改变。设置"散布"为两轴392%，其他参数保持不变。

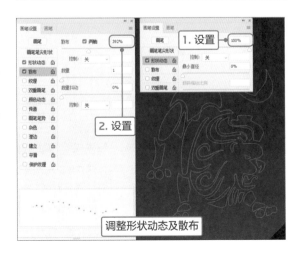

1. 设置

2. 设置

调整形状动态及散布

7

最后调整"双重画笔"的参数，设置"大小"
为90像素、"间距"为25%、"散布"为294%、
"数量"为10。

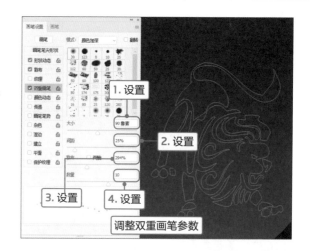

调整双重画笔参数

8

新建图层并置于所有图层之上，命名为"狮子
座星群"。设置前景色色值为#ffffff，选中"狮
子座星群"图层，单击"路径"面板底部的
"用画笔描边路径"按钮，即可创建群星狮子的
效果。

用画笔描边路径

9

可见狮子的形象并不明显，下面还需要进一步
修饰。按下E键启用橡皮擦工具，擦掉效果不
明显的星星。

修饰星座

10

双击"狮子座星群"图层，在弹出的"图层样
式"对话框中勾选"外发光"复选框，设置不
透明度为59%、杂色为25%。单击杂色下方的
色块，在弹出的"拾色器"对话框中输入色值
为#b558fc。然后设置图素方法为"柔和"、扩
展为3%、大小为13像素、品质范围为56%，
单击"确定"按钮即可。

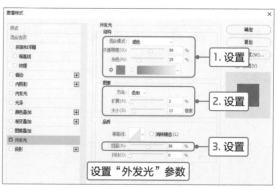

设置"外发光"参数

Point 5 绘制月亮图像

在制作规则图形时，使用规则工具可以使绘画变得简单、快捷，在本案例中，我们将使用椭圆选框工具绘制月亮图形，配合使用油漆桶工具和图层样式，绘制出具有朦胧真实感的月亮。下面介绍详细操作。

10%

50%

100%

1

为了不让星座显得孤立，可以添加星空的背景。按下B键启用画笔工具，画笔形状保持之前设置的参数，在星座附近随意绘制几颗星星。新建图层并命名为"星空修饰"，在"路径"面板中选中"群山"路径，单击"用画笔描边路径"按钮，在群山边缘添加星星。

修饰星座

2

按照同样的方式，再次沿着其他群山边缘进行修饰。新建图层并命名为"月亮"，然后在工具箱中选择椭圆选框工具，按住Shift键的同时在画面的左上角绘制一个正圆。

设置前景色色值为#a8b1dd，使用油漆桶工具填充选区。然后按下Ctrl+D组合键，取消选区。

绘制月亮形状

3

双击"月亮"图层，在弹出的"图层样式"对话框中勾选"外发光"复选框，设置"不透明度"为70%。单击"杂色"下方的色块，在弹出的"拾色器"对话框中输入色值为#cad0ec。然后设置"扩展"为4%、"大小"为190像素，其他参数保持不变。

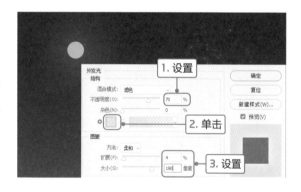

Tips　画笔描边路径的技巧

用画笔描边路径除了上面介绍的方法外，还可以在使用钢笔工具的状态下右击，在弹出的快捷菜单栏中选择"描边路径"命令，打开"描边路径"对话框，在"工具"下拉列表中选择"画笔"选项，设置画笔工具的笔尖形状及大小，即可使用画笔工具描边。

4

按下B组合键启用画笔工具，单击"切换画笔面板"按钮，选择预设笔尖形状为"柔边圆"，然后设置"大小"为2像素、画笔颜色为白色。新建图层并命名为"星群描边"。切换到"路径"面板，选中"狮子座"路径，单击"用画笔描边路径"按钮，然后查看效果。

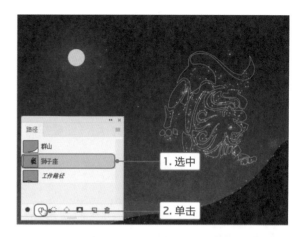

5

双击该图层，为其添加"外发光"图层样式，设置"不透明度"为25%、"杂色"为50%、颜色为白色、"扩展"为3%、"大小"为17像素，单击"确定"按钮后查看效果。

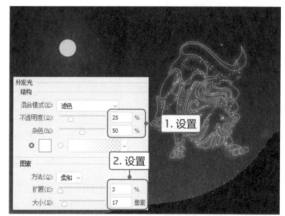

6

打开素材文件"文字修饰.psd"和"星空.psd"，放入当前文档的合适位置，对整个作品做进一步美化。至此，狮子座流星雨的活动海报制作完成。

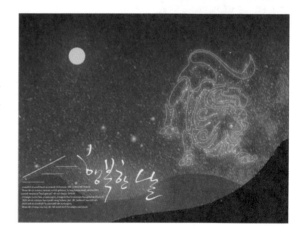

Tips　画笔工具选项栏部分按钮介绍

单击画笔工具选项栏中的"切换画笔面板"按钮，可以打开"画笔设置"面板；单击喷枪按钮，可以使用喷枪效果，在"图层样式"中也可以设置。

"切换画笔面板"按钮　　　　喷枪按钮

使用规则选框工具创建选区

Photoshop的规则选框工具除了上面介绍的椭圆选框工具外，还有矩形选框工具、单行/单列选框工具，均可对选区进行填充、描边等操作。在处理或绘制规则形状的图像时，规则选框工具是一种简单快速的工具，下面介绍相关知识点。

1

矩形选框工具主要用于创建矩形选区与正方形选区，按住Shift键可以创建正方形选区，右图展示了矩形选区和正方形选区的对比效果。

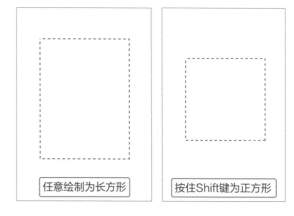

任意绘制为长方形   按住Shift键为正方形

2

在矩形选框工具选项栏中，我们可以通过"羽化"参数来设置选区边缘的虚化程度。羽化值越大，虚化范围越宽；羽化值越小，虚化范围越窄。右图展示羽化值为0和20的对比效果。

羽化值为0   羽化值为20

3

矩形选框工具选项栏中的"样式"参数，可以用来设置矩形选区的创建方法。选择"正常"选项时，可以创建任意大小的矩形选区；选择"固定比例"选项时，可以在右侧的"宽度"和"高度"数值框中输入数值，以创建固定比例的选区；选择"固定大小"选项时，可以在右侧的"宽度"和"高度"数值框中输入数值，然后在工作区单击，即可创建一个固定大小的选区。

固定比例

固定大小

在工具箱中选择椭圆选框工具后，其工具选项栏中参数的含义如下：

消除锯齿：通过柔化边缘像素与背景像素之间的颜色过渡效果，来使选区边缘变得平滑。右上图是勾选"消除锯齿"复选框时的图像边缘效果。

右下图是未勾选"消除锯齿"复选框时图像边缘的效果。由于"消除锯齿"复选框只影响图像边缘的像素，因此不会丢失细节，在剪切、复制和粘贴选区图像时非常有用。

单行/单列选框工具可以创建高度和宽度为1像素的选区，值得注意的是使用此工具创建的行列选区都是贯穿整张图像的，常用来制作网格效果。

在使用工具创建选区时，往往避免不了移动或变换选区。移动选区的方法是选中任意选框工具，然后将光标放置在选区内，当光标变为右图所示的形状时，拖曳鼠标可以移动选区。

创建选区后，在释放鼠标前，按住空格键的同时拖动鼠标，也可以移动选区。

8

变换选区就是对选区进行翻转、扭曲、变形等操作。下面以矩形选区为例进行讲解。首先使用矩形选框工具绘制一个长方形选区，然后执行"选择>变换选区"命令或按下Alt+S+T组合键，选区周围将出现控制框。

变换选区

9

此时选区为变换状态，在图像上右击，在弹出的快捷菜单中还可以选择其他的变换方式，如"缩放""旋转""斜切"等。

变换菜单栏

10

值得注意的是，选择"自由变换"命令后，可以根据需要旋转或变大/变小选区。

自由变换

11

除此之外，"变换"可以使用的功能，对于选区也同样适用。例如，选择"变形"命令时，可以根据自己的需要调整选区形状。

变形选区

图像的
绘画基础

制作趣味拼图宣传海报

儿童益智中心想要举办一次拼图大赛，以此呼吁家长们用趣味游戏的方式帮助孩子们开发智力，他们委托历历哥所在的公司制作一个具有代表性的宣传海报。历历哥告诉小蔡制作的海报要体现拼图的趣味与创意，并且要适合儿童观赏，所以海报的整体色彩应该光鲜亮丽，从而引起儿童兴趣，达到振奋人心的目的。小蔡经过认真思考后，开始制作海报。

NG! **菜鸟效果**

!背景单调枯燥，斗
鱼显得没有生气

!拼图只有右上部分
有碎片效果，而且
效果不够惊艳

!拼图的效果不能
表现光线明暗的
过渡，很不自然

小蔡制作的趣味拼图海报使用色彩鲜艳的斗鱼做主角，是个非常不错的选择；选用浅色作为背景能够很好地衬托斗鱼的色彩，但却显得单调；此外，拼图的效果没有对图层进行柔滑调整，有些僵硬，碎片也仅有一处，不够真实生动。

MISSION!
2

因为要制作的是儿童要看的海报，所以鲜明有活力是比较重要的一点。本案例通过使用矢量图形绘制拼图形状，同时添加透明有质感的图层效果，为绘制的拼图增加真实感；通过增加气泡效果，提高整个图像的生动感。此外，光线的强弱也需要注意调整。

逆袭效果 OK!

FREEDOM

I BURNED MY HOPES TOWARDS THE FIREWORKS
IT IS EMPTY MY SOUL

使用气泡同冰块进行组合，富有创意，灵感十足

背景色和点睛色改为冷暖对比的色调，增加了视觉冲击力

添加冰山背景及文字，令整个图像充满活力

在制作趣味拼图时，首先使用矢量工具绘制拼图形状，并调整其位置和方向进行拼接；通过添加合适的图层样式，做出拼图的透明质感；然后按照拼图的形状绘制选区，制作镂空的效果，使图像效果更加生动，富有趣味；最后，为背景添加文字及修饰元素，更好地衬托斗鱼，使其栩栩如生。

Point **1** 制作拼图效果

使用自定义形状工具能够快速地绘制出Photoshop中预设的形状，包括箭头、物体、自然动物等，合理运用这些形状可以减去原创手绘所需的大量时间，令工作效率事半功倍，下面介绍具体操作。

1

打开"拼图素材1.psd"文件，在工具箱中选择快速选择工具，调整选择工具的大小为5像素，沿着边缘将斗鱼的轮廓大概绘制出来。

绘制斗鱼轮廓

2

但这样绘制的选区在细节处仍有瑕疵，因此需要将选区转为路径，使用钢笔工具进一步调整。首先打开"路径"面板，单击面板底部的"从选区生成路径"按钮，并命名为"斗鱼"进行保存。

将选区转为路径

3

将保存后的路径放大，可以看到在边缘处明显不贴合，这里列举一处细节。然后使用钢笔工具进行调整，可以看到调整后的路径紧贴斗鱼的边缘。
按照同样的方式，对斗鱼其他不贴合的边缘进行调整。

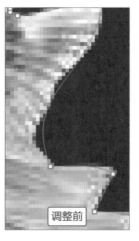
调整前

调整后

4

在"路径"面板中选择调整边缘后的"斗鱼"路径，单击面板底部的"将路径作为选区载入"按钮，将路径转换为选区。

按下Ctrl+Shift+I组合键反选选区，按下Delete键删除选区内容，只保留斗鱼的图像。

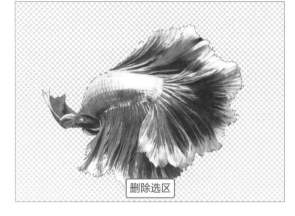

删除选区

5

新建文件，设置"宽度"为1024像素、"高度"为700像素、"分辨率"为72像素/英寸、背景为透明，并命名为"趣味拼图"，其他参数保持不变，单击"确定"按钮。

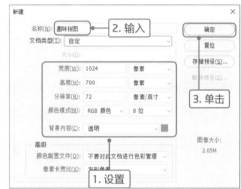

6

设置前景色为黑色，按下G键启用油漆桶工具填充"背景"图层颜色。

将"拼图素材1.psd"文件中的斗鱼直接拖入"趣味拼图.psd"文件中，将图层重新命名为"斗鱼"，按下Ctrl+T组合键执行自由变换操作，调整斗鱼的大小及位置。

7

按住Alt键选中"斗鱼"图层并进行拖曳，复制该图层，将复制的图层命名为"斗鱼倒影"。

按下Ctrl+T组合键启用自由变换操作，右击该图像，在弹出的快捷菜单中选择"垂直翻转"命令。

选择

8

对翻转后的斗鱼进行缩放，调整到合适的大小及位置。

然后调整"图层"面板的"不透明度"为28%，制作斗鱼倒影的效果。

调整不透明度

9

在工具箱中选择自定义形状工具，在其选项栏中单击"形状"下三角按钮，在弹出的面板中单击右上角的设置按钮，在列表中选择"物体"选项，在弹出的对话框中单击"追加"按钮。

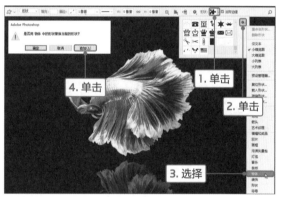

10

此时形状面板中添加了很多新的图形内容。选择其中的"拼图3"形状，按住Shift键，在画面中拖曳绘制出拼图形状。设置填充颜色为白色。按下Ctrl+T组合键启用自由变换操作，右击控制框，在弹出的快捷菜单中选择"翻转180度"命令。

绘制拼图

Tips **自由形状工具的隐藏形状**

选择自定义形状工具，在选项栏中单击"形状"下三角按钮，在打开的面板中可以看见Photoshop只提供了少量的形状，这时可以单击右上角菜单按钮，然后在弹出的列表中选择"全部"选项，就可以看到隐藏的所有形状。

显示全部形状

11

选择"拼图2"形状，绘制出大小合适的拼图形状，然后执行自由变换操作，将其"旋转180度"后与"拼图3"对拼结合。

拼图拼接

12

将"拼图3"进行"水平翻转"并调整位置。按照同样的方式，选择"拼图3"形状绘制形状，使用自由变换进行垂直翻转。选择"拼图1"形状绘制形状，自由变换旋转180度后与其他拼图对拼结合。

绘制多个拼图

13

最后，根据需要再复制一个拼图，并与其他拼图进行拼合。

完成拼图绘制

Tips **精确控制自定义图形的大小**

使用自定义形状工具可以根据用户需求自由绘制任意大小的图形，也可以根据固定长宽绘制图形。选择自定义形状工具后，在选项栏中可以调整形状的宽度和高度参数。

调整长宽

Point 2 制作逼真的拼图效果

Photoshop的预设样式是事先设置好的图层样式效果，类型丰富多彩，使用或更改预设样式都能快速为图层添加令人惊艳的效果。此外，由于图层样式使用简单，效果显著，因此受到很多设计者的青睐。下面介绍使用预设样式制作逼真的拼图效果的方法。

1

选中上方的拼图，并双击其所在图层，打开"图层样式"对话框，在"样式"区域中选择"冲压拉丝金属"样式。

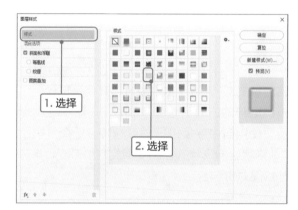

2

为了使"预设样式"更像拼图效果，下面对预设样式进行修改。首先勾选"斜面和浮雕"复选框，设置"大小"为15像素、"软化"为0像素、阴影的不透明度为50%，单击"确定"按钮。

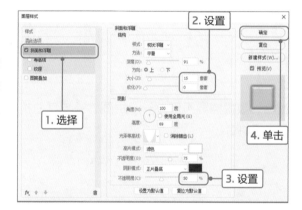

3

此时拼图的凸出轮廓已经很明显，但拼图的效果还是不明显，则在"图层"面板中设置该图层的混合模式为"柔光"即可。

调整混合模式为"柔光"

Point 3 复制图层样式

在实际操作中，为了保持效果统一，往往需要使用相同效果的图层样式，但是依次设置图层样式操作过于繁琐，用户可以通过复制图层样式快速应用相同的图层样式，下面介绍实际操作方法。

1

要给其他拼图也添加相同的样式和图层效果，可以采用复制图层样式进行快捷设置。
选中已添加图层样式的图层并右击，在弹出的菜单中选择"拷贝图层样式"命令。

> **Tips　复制图层样式的其他方法**
>
> 要复制图层样式效果，我们还可以通过按住Alt键的同时拖曳复制的图层样式所在的图层至添加相同样式的图层上并释放鼠标左键，实现图层的复制。

选择

2

接着，选中其他拼图所在图层并右击，在弹出的快捷菜单中选择"粘贴图层样式"命令，即可将设置好的图层样式复制到该拼图所在的图层中。

粘贴图层样式

3

从效果图可以发现复制的效果仅仅是复制了图层样式，无法复制图层混合模式的效果。

混合模式不能被复制

4

选中粘贴图层样式的图层，将该图层的混合模式设置为"柔光"，即可完成该拼图形状的设置。

调整混合模式

5

按照复制图层样式的方式，为其他拼图添加图层样式，并将其图层的"混合模式"更改为"柔光"，完成所有拼图的制作。

6

选中所有拼图所在图层，单击"图层"面板下方的"创建新组"按钮，将所有拼图图层归为一组，并将图层组重命名为"拼图"。

单击

创建图层组

7

选中最上方的拼图，按住Ctrl键同时单击该图层的缩略图，载入图层选区。

载入选区

Point 4 制作斗鱼碎片效果

"自由变换"命令能够对所选图像进行缩放、放大等变化，在实际操作中此功能是
运用较为频繁的工具，配合组合键使用，能够提高操作速度，下面详细介绍制作
斗鱼碎片效果并添加装饰元素的操作方法。

1

选中"斗鱼"图层，按下Ctrl+X组合键剪切图
像，按下Ctrl+V组合键粘贴剪切的图像，此时
可以看到系统将剪切的图像放到了新建的图层
中，接着将该图层重命名为"斗鱼碎片1"。

剪切图像

2

将剪切的图像调整到原来的位置，找到与该图
像对应的拼图形状并拖动到其所在图层的下
层，然后命名为"斗鱼拼图"。
同时选中这两个图层，单击"图层"面板中的
"链接图层"按钮，链接两个图层。

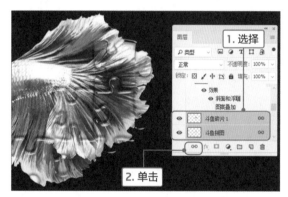
1. 选择
2. 单击

3

按下Ctrl+T组合键进行自由变换，把变换中
心点移动到右侧的位置，然后对图层进行适度
旋转。

旋转图像

Tips **链接图层的作用**

同时操作由多个图层组成的对象时，可以通过链接将多
个图层链接在一起，即可实现同时操作。被链接的图层
会出现链接标志。

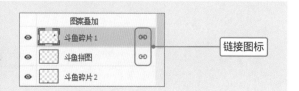
链接图标

4

按照同样的方法将最下方的拼图剪切出来并命名为"斗鱼碎片2"，与其进行图层链接的拼图形状重新命名为"斗鱼拼图2"。
然后将图像移动到合适位置。

再次剪切图像

5

至此，作品的主角已经基本完成，下面对拼图的图层效果进行微调，润色图像。根据光线的方向，斗鱼身体中间位置拼图的"不透明度"应调整至50%左右，掉落的两个拼图碎片位于较黑暗的地方，因此还可以通过改变图层的"填充"数值降低颜色，用户可以根据自己的需求进行调整。

润色图像

6

打开"拼图素材2.psd""光线.psd"和"冰山和冰块.psd"素材文件，将气泡、修饰文字、光线效果及冰山等图像直接拖曳到"趣味拼图.psd"文件中，使用"自由变换"命令调整图像大小及位置，丰富图像。

添加修饰元素

7

添加文字并进行适当排版，达到分割平面的效果。最后使用直线形状工具润色文字效果。

添加文字

使用规则形状工具绘制图形

除了上面介绍的自由形状工具外，Photoshop还提供了规则形状工具，这些形状可以填充不同的颜色、添加不同的图层样式，甚至还可以将不同的形状进行组合来制作创意图像。值得注意的是，规则形状工具属于矢量工具，不会由于放大或缩小而失真。

1

矩形工具的使用方法与矩形选框工具类似，可以绘制出正方形和矩形。选择矩形工具后，绘制时按住Shift键，可以绘制出正方形；按住Alt键，可以以光标单击点为中心绘制矩形。

2

按住Shift+Alt组合键，可以以光标单击点为中心绘制正方形。在选项栏中单击🔧按钮，可以打开矩形工具的设置面板。

3

在矩形工具的设置面板中，各参数介绍如下。
不受约束：选中该单选按钮，可以绘制出任意大小的矩形。
方形：选中该单选按钮，可以绘制出任何大小的正方形。
固定大小：选中该单选按钮后，可以在其右侧的数值框中输入宽度和高度值，然后在图像上单击，即可创建出矩形。

4

比例：选中该单选按钮后，可以在其右侧的数值输入框中输入宽度和高度比例，此后创建的矩形将会始终保持设置的比例。

5

从中心：勾选该复选框后，以任何方式创建矩形时，单击点即为矩形的中心。

对齐边缘：在选项栏中勾选该复选框后，可以使矩形的边缘与像素的边缘重合，这样图形的边缘就不会出现锯齿。

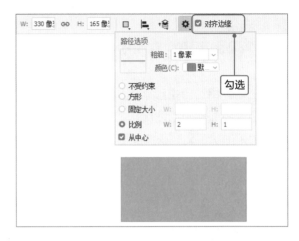

6

下面介绍圆角矩形工具的功能及操作方法。圆角矩形工具可以创建出具有圆角效果的矩形，其创建方法及选项与矩形工具完全相同。这里只介绍其与矩形工具用法不同的功能。

在圆角矩形工具选项栏中，"半径"选项用来设置圆角的半径，数值越大，圆角就越大。

半径为10像素

半径为20像素

7

接着介绍椭圆工具的功能及操作方法。使用椭圆工具可以创建出椭圆形和正圆形，设置选项与矩形工具相似。在工具面板中选中"不受约束"单选按钮，可以绘制任意形状的圆形。

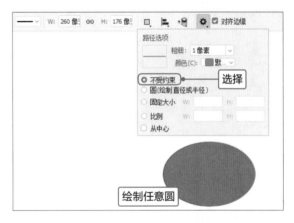
绘制任意圆

8

如果要创建正圆形，可以按住Shift键或Shift+Alt组合键（以光标单击点为中心）进行创建。

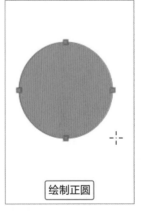
绘制正圆

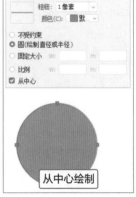
从中心绘制

9

下面介绍多边形工具的功能及使用方法。多边形工具可以创建出正多边形（最少为3条边）和星形形状。

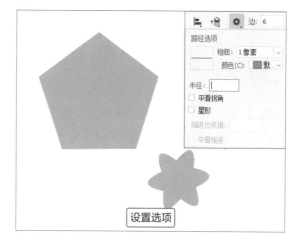

10

下面对多边形工具选项栏中各参数的应用进行介绍。

边：设置多边形的边数，设置为3时，可以绘制正三角形；设置时为4时，可以绘制正方形；设置为5时，可以绘制正五边形。

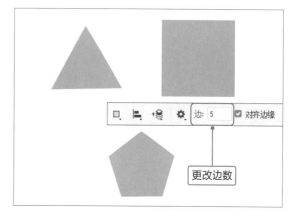

11

半径：用于设置多边形或星形的半径长度（单位为厘米），设置好半径后，在画面中拖曳即可创建出相应半径的多边形或星形。

平滑拐角：勾选该复选框后，可以创建出具有平滑拐角效果的多边形或星形。

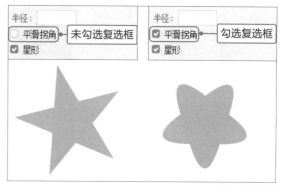

12

缩进边缘依据：勾选"星形"复选框后，可以使星形的每条边向中心缩进固定数值。

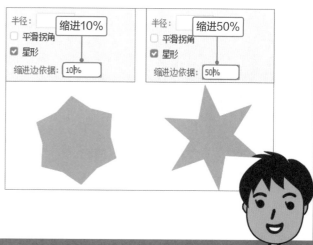

图像的
绘画基础

制作葡萄酒新品展示图

某葡萄酒公司将要推出一款新产品，他们找到历历哥为新葡萄酒制作展示图。由于这款产品走的是高端葡萄酒路线，因此要求设计能够体现出葡萄酒的颜色及质感，历历哥找到小蔡进行商讨后，嘱咐他尽快做出，并要求原创，在充分展示葡萄酒特点的同时体现出高档产品的品味。小蔡经过较长时间的思考，决定使用Photoshop的绘图功能进行原创设计。

NG! 菜鸟效果

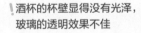

在使用黑色作为背景表现高端效果时，背景元素太单一

杯颈的光线处理效果不够充分，感觉有些僵硬

酒杯的杯壁显得没有光泽，玻璃的透明效果不佳

作为葡萄酒的展示图，仅有一个盛满红酒的酒杯，未免元素太单一，无法很好地起到展示作用；虽然想用黑色衬托出高端大气感的思路很好，但红黑对比冲击感太强，反而弄巧成拙；最后，绘制的原创酒杯，在细节处依然需要进一步优化。

MISSION!
3

新品展示图最重要的是突出产品的特点，并选用合适的陪衬元素，使得要展示的商品画面感丰富，赏心悦目。本案例用酒桶、葡萄酒瓶作为背景，让受众能够迅速明白作品的主题。此外，新鲜葡萄也起到了联想葡萄酒原料的作用。最后，灵活运用图层样式、钢笔工具及画笔工具等，在原创酒杯的制作中最为关键。

10%

50%

逆袭效果 OK!

100%

陪衬元素的添加，使作品色彩丰富，主题鲜明

画笔工具的多处处理，让酒杯玻璃的透明感更加强烈，葡萄酒的颜色更加鲜艳

背景明亮、清新，打造高端红酒产品的视觉感

本作品总体颜色基调变为明亮、鲜艳，加上光线质感的酒杯和酒瓶，高端大气感不言而喻；新鲜葡萄和酒桶的陪衬元素，让整个作品主题鲜明、内容丰富；原创酒杯灵活运用图层样式及画笔工具的润色，其酒色纯正，仿佛闻得到扑鼻芳香。

Point **1** 使用标尺和参考线

本案例已经给了背景效果和展示的"葡萄酒"产品，下面我们利用"路径"功能结合钢笔工具的使用，绘制一个高脚酒杯的矢量图形。手绘最重要的是底稿和定位准确，因此需要使用辅助工具。

1

首先，打开"高脚杯素材.psd"素材文件，新建图层并命名为"黑色背景"，然后置于"背景"图层之上。
使用油漆桶工具填充黑色背景。执行"视图>标尺"命令，调用标尺工具。选择工具栏中的移动工具，在高脚杯转折点部位事先设置参考线。

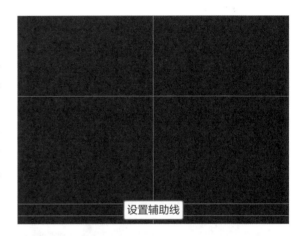

设置辅助线

2

在绘制杯体时，先大体绘制出杯座的位置。首先新建图层并命名为"杯底1"。选择工具栏中的椭圆选框工具，在右图所示的位置绘制椭圆形状，填充浅灰色。

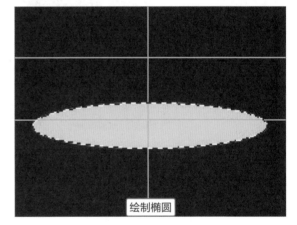

绘制椭圆

Tips **锁定及清除参考线**

如果感觉参考线太多，可以对其进行清除，通过执行"视图>清除参考线"命令达到这一目的。
如果想要保证参考线的精确度，需要锁定参考线的位置，可以通过执行"视图>锁定参考线"命令来实现。

选择

3

按下Ctrl+D组合键取消选区，然后复制该图层并命名为"杯底2"，移动到右图所示位置，为了方便观察，将该图层的"不透明度"设置成75%。

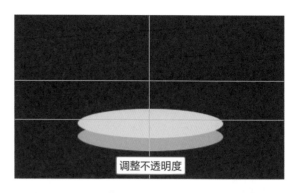

调整不透明度

4

下一步，要根据参考线确定的位置，勾画杯体的轮廓。
首先选择工具箱中的钢笔工具，绘制右图所示的杯体轮廓。

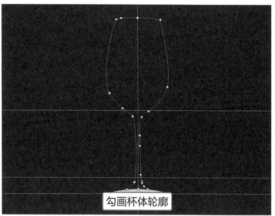

勾画杯体轮廓

Tips **参考线的组合键应用**

我们使用多个参考线作为辅助工具，再进行图形绘制会感觉视线受阻，这时，按下Ctrl+H组合键能够将参考线进行"显示/隐藏"的切换。

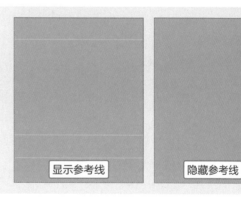

显示参考线　　　隐藏参考线

Tips **标尺工具的使用方法**

执行"视图>标尺"命令或按下Ctrl+R组合键，即可看到窗口顶部和左侧出现了标尺。如果需要添加参考线，只要从标尺区域按下鼠标左键并拖曳至工作区中，即可创建一条参考线。拖曳顶部标尺，可以创建水平参考线；拖曳左侧标尺，可以创建垂直参考线。

标尺区域

Point 2 使用直接选择工具

使用钢笔工具绘制好所需路径后，经常会再次微调路径，直接选择工具主要用来
选择路径上的单个或多个锚点，可以移动锚点及调整方向线。直接选择工具调整
路径时，使用频率比较频繁的工具，下面介绍实际的应用。

1

使用直接选择工具将酒杯杯口边缘中心的锚点
向下拖动，绘出向下凹陷的效果。

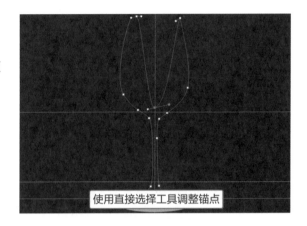

使用直接选择工具调整锚点

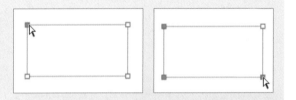

Tips 直接选择工具的使用技巧

使用直接选择工具在锚点上单击，即可选择该锚点，按
住Shift键逐个单击多个锚点，可以选择多个锚点。右图
为选择单个与多个锚点的对比。

2

选中锚点的"平滑点"并调整方向杆的方向和
长度，直到曲线变得平滑圆润。根据需要也可
以适当添加锚点。

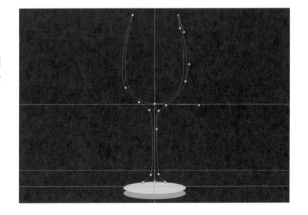

Tips 锚点的类型

锚点分为"平滑点"和"角点"两种类型。由"平滑点"
连接的路径段可以形成平滑的曲线，由"角点"连接起
来的路径段可以形成直线或直线转折点。

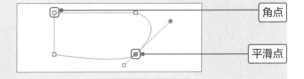

角点

平滑点

新建图层并命名为"杯体"。单击"路径"面板
底部的"将路径作为选区载入"按钮，载入路
径选区。

载入路径选区

10
%

50
%

100
%

Tips　**将路径作为选区载入的其他方法**

按Ctrl键单击路径缩略图，也能载入路径选区，效果与
单击"路径"面板底部的"将路径作为选区载入"按钮
相同。

单击缩略图

设置前景色为灰色，按下Alt+Delete组合键为
选区填充前景色。

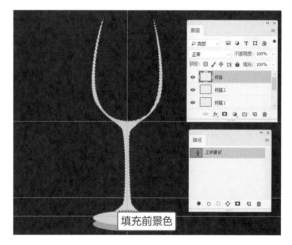

填充前景色

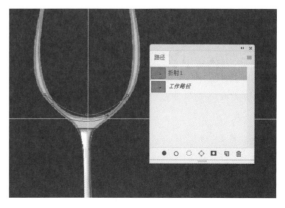

在"路径"面板中新建路径，命名为"折射1"。
按下快捷键P启用钢笔工具，在酒杯内的底部
绘制出右图所示的形状。

6

载入路径选区，回到"图层"面板，新建图层并
命名为"折射1"。设置前景色色值为#1d1918，
按下Alt+Delete组合键为选区填充前景色。

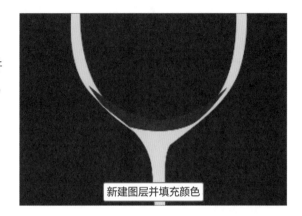

新建图层并填充颜色

7

在"路径"面板再次新建路径，命名为"折射
2"。按下快捷键P启用钢笔工具，在"折射1"
下方绘制出右图所示的形状。

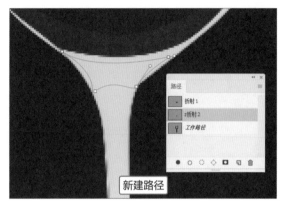

新建路径

Tips　**填充前/背景色的快捷方式**

使用快捷方式填充选区，能够使工作效率大幅度提高。
按下Alt+ Delete组合键，可填充前景色；
按下Ctrl+Delete组合键，可填充背景色。

填充前景色

填充背景色

填充路径

8

单击"路径"面板底部的"用前景色填充路径"
按钮，填充灰黑色。

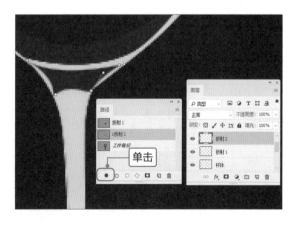

单击

Point 3 载入路径选区

在实际操作中，将使用钢笔工具绘制的路径转换为选区是高频操作，因为选区的润色可选功能比较多，能够对图像进行细节的修饰。载入选区的方法不止一种，用户可以根据使用习惯选择，下面介绍详细操作。

10 %

50 %

100 %

1

新建图层并命名为"杯沿"，选择工具箱中的椭圆选框工具，然后绘制出酒杯的杯沿部分。选择"编辑>描边"命令，打开"描边"对话框，设置宽度为1像素、颜色为灰色。

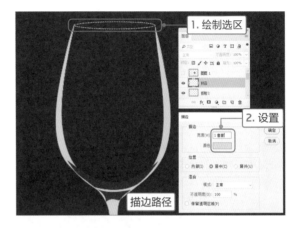

2

接着，将原选区向上移动3个像素左右，设置描边颜色为白色，作为杯沿的高光部分。

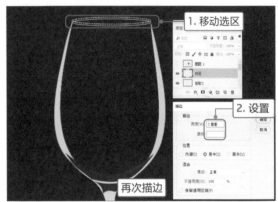

3

下面制作酒杯中的红酒。首先新建图层并命名为"内壁"，用多边形套索工具在红酒杯的内壁绘制选区，设置前景色色值为#660000，按下Alt+Delete组合键填充酒红色。

4

按住Ctrl键的同时单击"路径"面板中的"工作路径"缩略图,载入杯体轮廓的路径选区。在"图层"面板中选择"内壁"图层,按Delete键删除所选区域。接着复制该图层并命名为"红酒"。

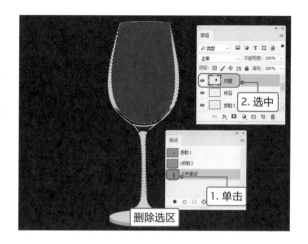

 载入路径选区的几种方法

总结载入选区的几种方法:
1. 按住Ctrl键同时单击路径缩略图;
2. 钢笔工具激活状态下,右击路径,选择快捷菜单中的"建立选区"命令;
3. 单击"路径"面板底部的"将路径作为选区载入"按钮。

5

将"红酒"图层的"不透明度"调整为0。
使用椭圆选框工具绘制椭圆选区,按Delete键删除"内壁"图层的图像。

6

新建图层并命名为"酒面",再次使用椭圆选框工具绘制椭圆选区并右击,在弹出的快捷菜单中选择"填充"命令,在弹出的"填充"对话框中设置填充比酒的颜色亮一些的红色。

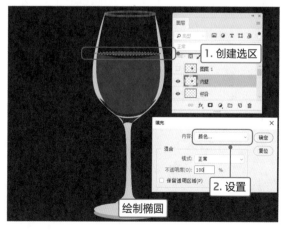

Point 4 使用矩形选框工具

矩形选框工具是规则选区工具，在创建规则且有棱角的选区时，善用此工具，能够准确地添加或减去选区，得到棱角分明的所需选区。简单快捷，配合快捷键的使用，能够提高工作效率。下面对该工具的具体应用进行介绍。

1

双击"红酒"图层，在弹出的"图层样式"对话中设置"颜色叠加"为白色、"内发光"样式"混合模式"为正常、"不透明度"为75%、杂色值为0、"颜色"色值为#333333、"大小"为18像素。

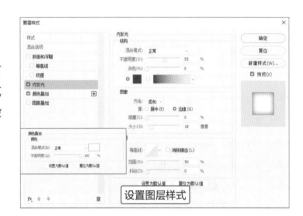

设置图层样式

2

隐藏"黑色背景"图层，使原本提供的背景素材展示出来，便于观察此时酒杯的效果，可以看到酒杯的杯壁显现出透明的效果。

隐藏图层

Tips 快速隐藏图层

按住Alt键的同时单击一个图层名称前面的眼睛图标◉，可以将除该图层外的其他所有图层都隐藏；按住Alt键的同时再次单击同一图层的眼睛图标，可以恢复其他图层的可见性。

3

下面，使用矩形选框工具将杯子边缘水平线方向不平滑的地方修剪整齐。
在工具箱中选择矩形选框工具并在杯口绘制矩形选区，按下Delete键清除图像。

修剪图像

调整"红酒"图层的"不透明度"为50%，使背景图层的木桶可见，增加逼真效果。

Tips **快速调整图层的不透明度**

使用除画笔、图章和橡皮擦等绘画和修饰之外的工具绘制的图层，按下键盘上的数字键，可快速修改图层的不透明度。例如，按下5数字键，不透明度为50%；按下55，不透明度为55%。

调整不透明度

5

复制"杯体"图层，按Ctrl键载入杯体选区。选择工具箱中的矩形选框工具，设置工具属性为"从选区中减去"，框选高脚杯的上半部，得到所需的选区。

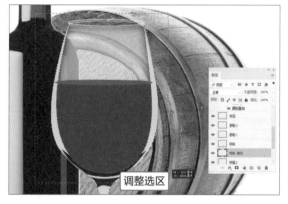

调整选区

6

按下Ctrl+Shift+I组合键反选选区，按Delete键清除选区内容，再次反选选区。在"路径"面板选中"折射2"路径，按下P键启用钢笔工具，在路径上右击，在弹出的菜单中选择"建立选区"命令，在打开的对话框中选择"从选区中减去"单选按钮。

继续调整选区

7

通过观察可以看到酒杯的支撑点附近还有一部分选区多余，则使用套索工具进行处理。
首先在工具箱中选择套索工具，设置工具属性为"从选区减去"，将多余选区减去。

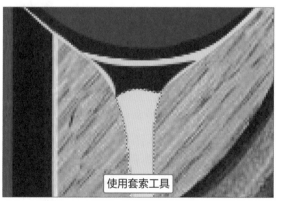

使用套索工具

8

将该图层命名为"杯脚"并移到"杯体"图层上方，双击"杯脚"图层，在弹出的"图层样式"对话框中勾选"内发光"复选框，设置"不透明度"为90%、"阻塞"为9、"大小"为6。

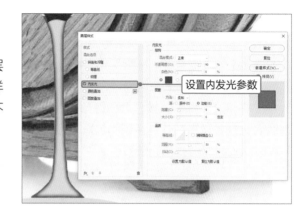

设置内发光参数

9

新建路径并命名为"折射3"。按P键启用钢笔工具，在杯脚左侧绘制路径形状。

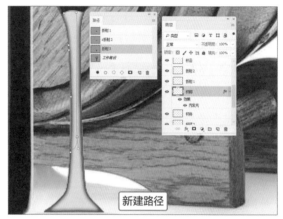

新建路径

10

按Ctrl键载入路径选区，返回"图层"面板中，新建图层并命名为"杯脚修饰"，置于"杯脚"图层之上，然后填充白色。

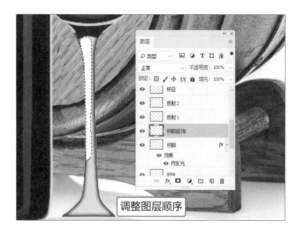

调整图层顺序

11

双击"杯脚修饰"图层，在弹出的"图层样式"对话框中勾选"内发光"复选框，设置"不透明度"为100%、"阻塞"为0、"大小"为8后，查看杯脚修饰的效果。

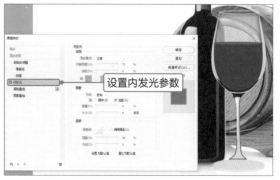

设置内发光参数

12

按下Ctrl+E组合键合并"杯脚"和"杯脚修饰"图层,将合并后的图层命名为"杯颈"。
选中"杯底2"图层,按住Ctrl键单击其缩略图载入选区,设置前景色色值为#333333,按下Alt+Delete组合键填充前景色。

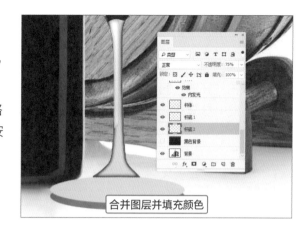

合并图层并填充颜色

13

在"路径"面板新建路径并命名为"折射4",使用钢笔工具在杯底绘制形状。

Tips　**路径与锚点**

路径和锚点是矢量对象,不包含像素,若没有填充或描边处理是不能打印出来的。

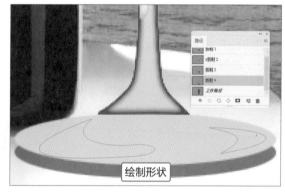

绘制形状

14

新建图层并命名为"杯底修饰"后,置于"杯底1"图层之上。将路径转换成选区,选择工具箱中的渐变工具,设置填充方式为"对称渐变",打开"渐变编辑器"对话框,设置"渐变颜色条"左侧色值为#666666、右侧色值为#ffffff、"位置"为94%,为选区填充设置的渐变颜色。

填充渐变色

15

执行"选择>修改>收缩"命令,在打开的"收缩选区"对话框中设置"收缩量"为2像素,反选后删除选择部分。右图为收缩选区后的效果。

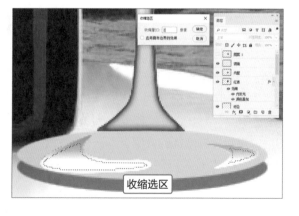

收缩选区

Point **5** 添加图层蒙版丰富细节

酒杯各部分的大体轮廓已经搭建，但整体效果较为粗劣，下面还需要进行细部效果的制作。这一部分操作技术方面的内容较少，主要使用的是画笔工具，用户可以根据自己的感觉提亮或加重局部的颜色，以塑造玻璃杯的光感。

1

先进行底座的细部刻划，各部分添加过程如下：首先使用画笔工具在构成高脚杯杯座的两个椭圆图层的中间轻涂深黑色，令酒杯底座看起来融为一体。
选中"杯底2"图层，按B键启用画笔工具，设置画笔"硬度"为100%，沿椭圆左右两侧涂抹。

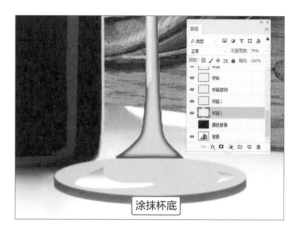

涂抹杯底

2

为"杯底2"图层添加图层蒙版，将前景色设为黑色，将画笔"硬度"改为0%，设置"不透明度"为15%左右，沿杯座下沿涂抹，使玻璃杯底座有透光的感觉。

Tips　**Photoshop的笔尖类型**

Photoshop提供了3种类型的笔尖，分别为圆形笔尖、非圆形的图像样本笔尖和毛刷笔尖。

调整画笔属性

3

选择"杯底修饰"图层，合理调整画笔工具的"不透明度"后，绘制右图所示的形状，使杯底的玻璃质感更加强烈。

进一步修饰

4

接下来制作杯颈的透明玻璃效果。首先单击"杯颈"图层，然后选择工具箱中的颜色减淡工具，设置工具属性的"范围"为阴影、"曝光度"为17%，调整合适大小，柔化杯颈下部分的暗光部分。

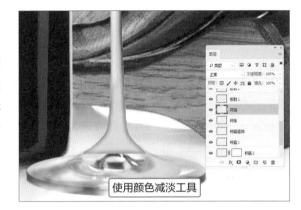
使用颜色减淡工具

5

选择画笔工具，通过切换画笔的黑白颜色及程度，为杯颈添加反光效果。在杯颈下方绘制右图所示的形状。

添加反光效果

6

合理交替使用减淡工具、加深工具、模糊工具及涂抹工具，对绘制的反光效果的高光和阴影进一步微调，根据自己对光线折射的理解整体修图。

微调光线效果

7

下面处理红酒及杯壁的光线效果，按照同样的方法，通过调整黑白两色的"不透明度"，绘制杯壁的高光形状。
新建"杯壁修饰"图层并置于所有图层之上，使用钢笔工具绘制右图所示的路径。

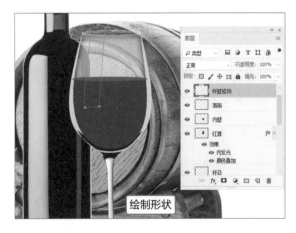
绘制形状

8

在路径上右击，在弹出的快捷菜单中选择"填充路径"命令，在弹出的对话框中设置"颜色"为白色、"不透明度"为20%、"羽化半径"为2像素，单击"确定"按钮，即可为路径填充设置的颜色。

填充路径

9

下面调整红酒的光线效果。依然使用减淡工具、加深工具、模糊工具及涂抹工具等微调红酒的高光，使明暗分明，富有质感。

制作红酒的高光效果

10

双击"杯壁修饰"图层，在弹出的"图层样式"对话框中设置"外发光"的"杂色"颜色为白色、"扩展"为0、"大小"为1像素、"范围"为29%。

添加外发光样式

11

选择橡皮擦工具，调整其"不透明度"为15%，选择"画笔笔尖形状"为"柔边圆"，然后在杯壁修饰的地方涂抹。

Tips   关于擦除工具

Photoshop用来擦除图像的工具包含3种，分别为橡皮擦工具、背景橡皮擦工具和魔术橡皮擦工具。后两种橡皮擦工具主要用于抠图（去除图像的背景）。

使用橡皮擦工具

10
%

50
%

100
%

12

双击"杯体"图层，为其添加"内发光"及"外发光"样式。设置"内发光"样式"杂色"色值为#999999、"阻塞"为71%、"大小"为4像素、"范围"为58%。设置"外发光"样式"混合模式"为滤色、"杂色"颜色为白色、"大小"为1像素、"范围"为64%。

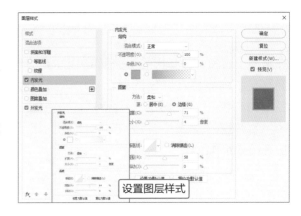

设置图层样式

13

此时观察整体图像，为配合背景酒瓶的效果，也应为杯底增加倒影效果。选中高脚杯的所有图层进行复制并归为一组，将图层组命名为"酒杯倒影"。

14

降低图层组的"不透明度"为23%，按下Ctrl+T组合键，执行自由变换操作，将图像垂直翻转并调整到合适的位置。

垂直翻转图像

15

打开素材文件"背景修饰.psd"，将修饰素材拖入当前文档中，为作品添加一个较为时尚的背景。最后使用文字工具添加修饰文字，查看最终效果。

最终效果

使用自定义形状工具的外延面板

通过前面案例的制作，我们已经初步了解自定义形状工具的具体应用。此外，此工具还有一个隐藏的外延面板，在其中储存了Photoshop预设库中大量的形状。在编辑图像时合理使用预设形状，能够快速绘制所需形状，下面通过具体操作进行介绍。

1

在工具箱中选择自定义形状工具，在选项栏中单击"形状"下三角按钮，打开"自定形状"选取器面板，可以看到默认情况下Photoshop只提供了少量的形状选项。

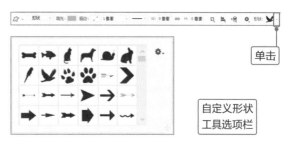

2

单击右上角菜单按钮，然后在弹出的列表中选择对应的分类选项。Photoshop将所有预设形状分成了17个种类，生活中常见的形状都有涉及。

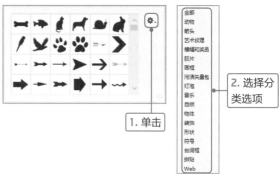

3

如果要加载外部的形状，可以在菜单中选择"载入形状"命令，然后在弹出的"载入"对话框中选择形状即可。

4

选择"复位形状"命令，则会弹出右图所示的对话框。如果单击"确定"按钮，则会将现存的预设形状用默认预设形状全部替换；如果单击"追加"按钮，则保留原预设形状，仅在后方添加默认形状。

 Tips **Photoshop的形状工具**

在Photoshop中共包括6个形状工具，分别为矩形工具、圆角矩形工具、椭圆工具、多边形工具、直线工具和自定形状工具。

5

选择"存储形状"命令，则会弹出"另存为"对话框，将当前使用形状存储为文件，值得注意的是形状格式是".csh"。

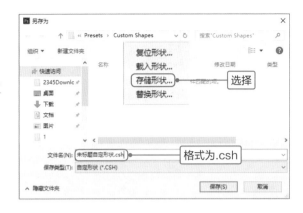

6

选择"替换形状"命令，则会弹出"载入"对话框，将当前使用形状存储为文件，值得注意的是形状格式是".csh"。

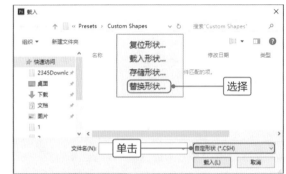

7

除此之外，对于"自定形状"选取器面板中展示的预设形状，可以通过右图所示的功能组进行调整。如果选择"仅文本"选项，则选取器中的预设形状只展示文字。

8

如果选择"小缩览图"选项，则选取器中的预设形状展示小号缩览图样式。

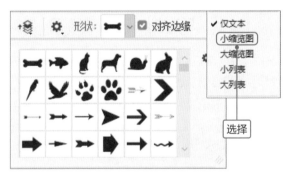

Tips **绘画与绘图的区别**

在Photoshop中，绘画与绘图是两个截然不同的概念，绘画是绘制和编辑基于像素的位图图像，而绘图则是使用矢量工具创建和编辑矢量图形。

9

如果选择"大缩览图"选项，则选取器中的预设形状展示大号缩览图的样式。

10

如果选择"小列表"选项，则选取器中的预设形状呈现文字加小号缩览图的样式。

11

如果选择"大列表"选项，则选取器中的预设形状呈现文字加大号缩览图的样式。

12

选择"预设管理器"选项则会弹出"预设管理器"对话框，可以看到系统的所有预设类型，除"自定形状"选项外，还包括："画笔""色板""渐变""样式""图案""等高线"和"工具"选项。

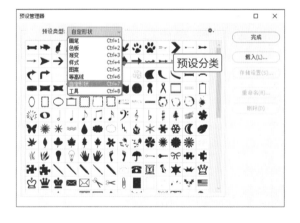

 Tips　**使用数位板工具**

对于专业的绘画和数码艺术创造者来说，进行计算机绘画时，最好配备一个数位板，在数位板上作画，如右图所示。

数位板由一块画板和一只无线的压感笔组成，随着笔尖在画板上着力的轻重、速度以及角度的变化，绘制出的线条就会产生粗细和浓淡等变化，与在纸上画画的感觉几乎没有区别。

13

在"路径选项"菜单中可以根据需要选择绘制形状的方式，和规则形状绘制方式类似，这里介绍"定义比例"的绘制效果。在"定义比例"模式下绘制的形状始终保持预设形状的长宽比例，而在"不受约束"模式下绘制的形状则可以根据用户的需求自由调整长宽比例。

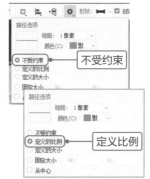

14

单击"路径操作"按钮，会弹出右图所示的列表，选择相应选项可以设置绘制形状时的操作方式。如果选择"新建图层"选项，则会在绘制形状的同时新建一个图层。

15

如果选择"合并形状"选项，则会将绘制的多个形状根据用户需求进行合并，从而组合成新的形状。使用自由选择功能检验一下，可以看到两个形状确实合并成一个形状。

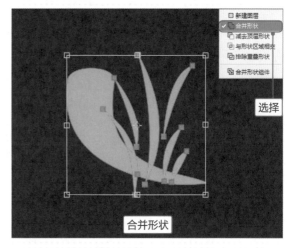

16

如果选择"减去顶层形状"选项，则上一层图形会减去与第二层图形形状重叠的部分，如右图所示。

值得注意的是，此模式下，仅第一个形状可以编辑颜色等效果，其他形状都只是取其路径来减去第一个形状的图像内容，本身为透明状态。

17

如果选择"与形状区域相交"选项，则只显示多个形状相交部分的图像内容，其他部分的图像被清除。

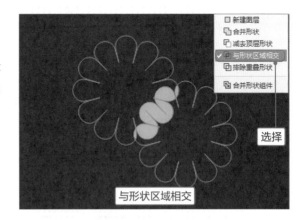

与形状区域相交

18

如果选择"排除重叠形状"选项，则只清除多个形状相交部分的图像内容，其他部分为显示状态，与"与形状区域相交"选项作用相反。

排除重叠形状

19

如果选择"合并形状组件"选项，则会将多个形状的路径也合并，彻底变为一个图像，右图为对比效果。值得注意的是，多次路径操作都选择"新建图层"选项，则"合并形状组件"选项不被激活。

未合并形状组建前　　合并形状组建后

20

单击"设置形状描边类型"按钮，则会弹出右图所示的面板，选择相应描边类型，可以设置绘制形状时描边的样式。右图为实线和虚线的效果对比。

描边选项为实线　　描边选项为虚线

菜鸟加油站

矢量工具与图形绘制的高级应用

1. 使用直线工具绘制箭头

直线工具作为分割线较常用于作品设计中，但由于使用直线工具绘制箭头的实际操作并不常用，在此将其作为单独小案例进行讲解，下面介绍具体操作方法。

步骤01 在工具箱中选择直线工具，在其选项栏中单击"路径选项"按钮，则会弹出下左图所示的面板。

步骤02 在"箭头"选项区域中勾选"起点"复选框，可以在直线的起点处添加箭头，如下右图所示。

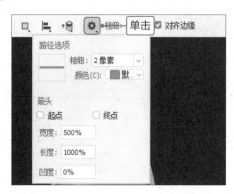 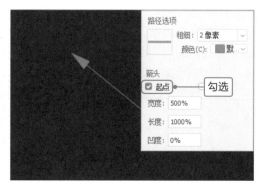

步骤03 勾选"终点"复选框，可以在直线的终点处添加箭头，如下左图所示。

步骤04 同时勾选"起点"和"终点"复选框，则可以在直线的两端都添加箭头，如下右图所示。

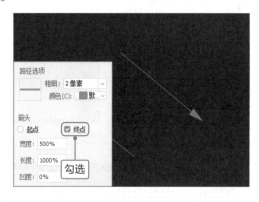 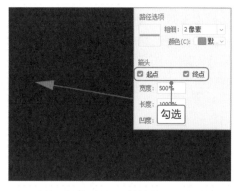

2. 对齐与分布路径

使用路径选择工具选择多个路径后，在选项栏中单击"路径对齐方式"下三角按钮，在弹出的列表中可以对所选路径执行对齐、分布等操作。

步骤01 在自定义形状工具的选项栏中单击"选择工具模式"下三角按钮，选择工具模式为"路径"，绘制两个位置任意，形状任意的路径形状，这里选择绘制的是"箭头"形状，如下左图所示。

步骤02 在其选项栏中单击"路径对齐方式"下三角按钮，在弹出的列表中选中"左边"及"对齐到画布"选项，此时可以看到两个路径在画布最左端对齐，如下右图所示。

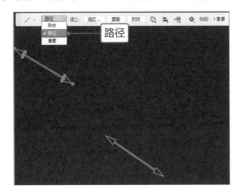 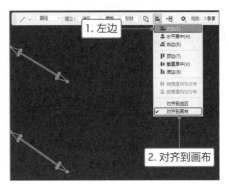

步骤03 选择"水平居中"和"对齐到画布"选项，两个路径在画布水平方向中间对齐，如下左图所示。

步骤04 选中"右边"和"对齐到画布"选项，两个路径在画布右边对齐，如下右图所示。

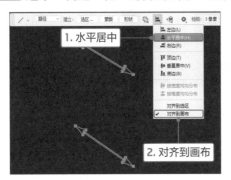 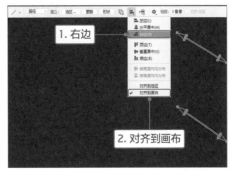

步骤05 选中"顶边"及"对齐到画布"选项，此时可以看到两个路径在画布最顶端对齐，如下左图所示。

步骤06 选中"垂直居中"及"对齐到画布"选项，此时可以看到两个路径在画布垂直方向中间对齐，如下右图所示。

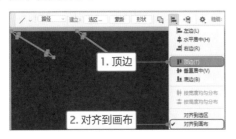 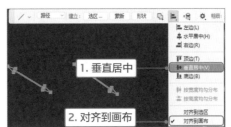

步骤07 选中"底边"及"对齐到画布"选项，此时可以看到两个路径在画布底边对齐，如下左图所示。

步骤08 当将"对齐到画布"更改为"对齐到选区"选项时，对齐效果无差别，但对齐的范围变为指定的选区，这里通过一个例子说明。使用矩形选框工具绘制一个矩形选区，然后选择直线工具绘制两个任意位置的箭头，如下右图所示。

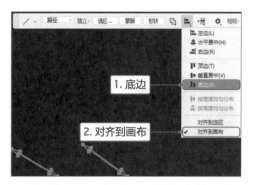
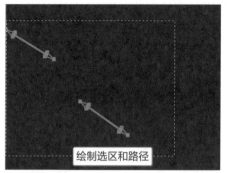

绘制选区和路径

步骤09 在其选项栏中单击"路径对齐方式"按钮，在弹出的列表中选择"垂直居中"及"对齐到选区"选项，此时可以看到两个路径在选区中间垂直对齐，如下图所示。

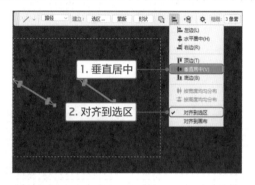

3. 使用转换点工具调整路径弧度

在之前的案例中我们介绍了锚点的类型包含角点和平滑点两种。那么将这两种点进行转换的工具是什么呢？

转换为点工具主要用来转换锚点的类型，在使用路径工具绘制图形的过程中，使用此工具能够灵活切换锚点类型，提高作图效率和图形美观度，下面介绍具体应用方法。

步骤01 新建文件并填充背景色为白色。在工具箱中选择自由形状工具，绘制一个"四叶草"形状，可以看到构成其形状路径上的点，即为角点，如下左图所示。

步骤02 在工具箱中选择转换点工具，然后在角点上单击并拖动，可以将角点转换为平滑点，如下右图所示。

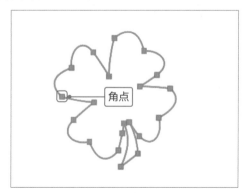
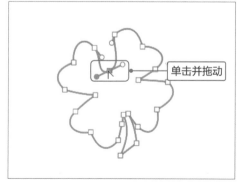

步骤03 同样的道理，在平滑点上单击，可以将平滑点转换为角点，如下左、下右图所示。

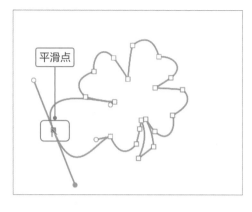
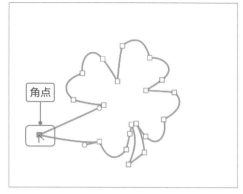

4. 使用自由钢笔工具

　　使用自由钢笔工具绘图时，将自动添加锚点，无须用户自己确定锚点的位置，而是像使用画笔工具一样自由绘制图形，然后由Photoshop根据绘制的形状路径在恰当的位置自动添加锚点。值得注意的是，自动添加的锚点都是平滑点，完成路径后可进一步对其进行调整，下面进行详细介绍。

　　步骤01 打开素材文件"写真.psd"，使用自由钢笔工具沿人物轮廓进行绘制，绘制完成释放鼠标左键，即可自动添加锚点，如下左图所示。

　　步骤02 放大图像查看局部路径，使用直接选择工具选中锚点，然后调整控制杆，微调路径的形状，效果如下右图所示。

5. 使用磁性钢笔工具

　　在自由钢笔工具的选项栏中包含一个"磁性的"复选框，勾选该复选框，自由钢笔工具将切换为磁性钢笔工具，此时，钢笔右侧的图标变为带有磁块的图标，如下图所示。使用该工具可以像使用磁性套索工具一样快速勾勒出对象的轮廓。

步骤01 打开素材文件"夕阳.psd",使用磁性钢笔工具沿人物轮廓进行绘制,在开始处单击,再沿着人物边缘移动,即可自动创建锚点,如下左图所示。

步骤02 磁性钢笔工具同自由钢笔工具一样,锚点的类型都是平滑锚点,按住Ctrl键单击路径上的锚点,可以调节路径曲折度,使其更贴合对象,如下右图所示。

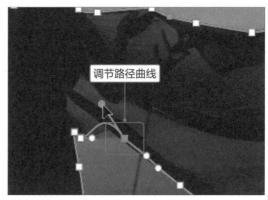

6. 使用添加锚点工具

使用添加锚点工具可以直接在路径上添加锚点,或者将钢笔工具的图标移动到路径上,当钢笔下方出现加号图标时,单击鼠标左键即可添加一个锚点。

步骤01 新建文件并填充背景为白色,使用钢笔工具绘制任意形状,并使路径为显示状态,如下左图所示。

步骤02 在工具箱中选择添加锚点工具,在原路径上添加一个锚点,如下右图所示。

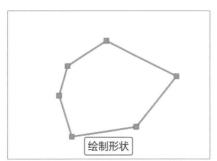
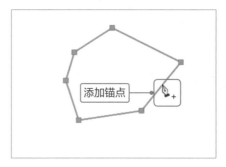

步骤03 下面介绍另一种快速添加锚点的方法。在使用钢笔工具的状态下,将光标移动到想要添加锚点的路径位置,当钢笔下方的图标出现加号时,单击鼠标左键,即可添加锚点,如下图所示。

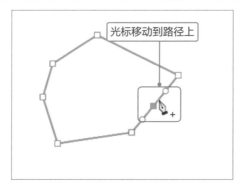

7. 复制/粘贴路径

路径也可以通过复制/粘贴达到快速创建的目的，善用此方法可以节省大量绘制路径的时间。下面介绍复制路径的操作方法。

步骤01 打开"气球.psd"素材文件，在"路径"面板中找到"气球"路径，将其拖曳到"路径"面板下的"创建新路径"按钮上，即可复制出路径的副本，如下左图所示。

步骤02 如果要将当前文件中的路径复制到其他文件中，可以在当前文件中执行"编辑>拷贝"命令，接着新建文件，这里将新建文件命名为"气球新建"。然后切换到新建文件，并执行"编辑>粘贴"命令，此时，可以看到原文件的路径被粘贴到新文件中，如下右图所示。

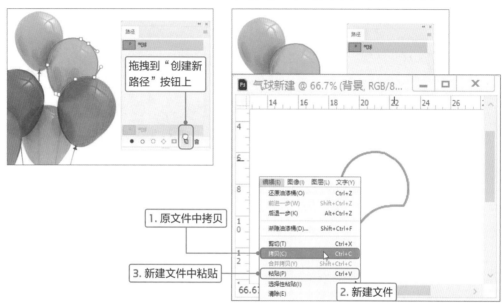

8. 删除路径

有时我们会删除不需要的路径，这时可以通过单击"路径"面板下的"删除当前路径"按钮或选中需要删除的路径直接按Delete键将其删除，下面进行详细操作。

步骤01 打开"气球.psd"素材文件，在"路径"面板选中"气球拷贝"路径，将其拖曳到"路径"面板下的"删除当前路径"按钮上，如下左图所示。

步骤02 另一种删除路径的方法比较简单，即选中"气球拷贝"路径，直接按Delete键将其删除，如下右图所示。

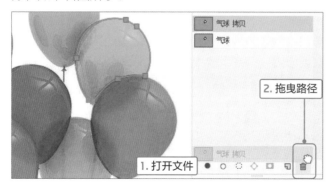

9. 显示/隐藏路径

在实际操作中，显示的路径对用户视线的影响还是较大的，因此，在作品设计时，我们会有选择性地对路径进行显示/隐藏，下面介绍具体操作。

步骤01 如果要将路径在文件窗口中显示出来，可以在"路径"面板中单击该路径。打开"茶杯.psd"文件，在"路径"面板中单击"茶杯轮廓"路径，即可将茶杯轮廓的路径显现出来，对比效果如下图所示。

步骤02 在"路径"面板中单击路径后，文档窗口中就会始终显示该路径，如果不希望显示路径，可以在"路径"面板的空白区域单击，即可取消对路径的选择，将其隐藏起来。打开"茶杯.psd"文件，在"路径"面板的空白处单击，可以看到原本显示状态的茶杯路径已经隐藏，对比效果如下图所示。

10. 了解绘图模式

Photoshop的矢量绘图工具包括钢笔工具和形状工具。钢笔工具主要用于绘制不规则的图形，而形状工具则是通过选取内置的图形样式绘制较为规则的图形。在绘图前首先要在工具选项栏中选择绘图模式：即形状、路径和像素3种类型。下面以钢笔工具的选项栏做示范，如下图所示。

图像处理的应用

Photoshop中有很多好用的小工具，能够帮助用户高效地处理图像，使之焕发惊艳的效果。本部分将通过实际案例的形式，详细讲解调整图像颜色的工具，如色阶、曲线等；修补工具，如污点修复画笔工具等；通道的基础及高级应用；蒙版的使用方法；图像裁剪工具等的具体应用。

Mission

图像处理
的应用

制作歌唱大赛预告海报

公司年会在即，历历哥准备为公司制作一个歌唱大赛预告的海报，他找到小蔡说明想法，让他赶紧制作海报，参与到年会的筹备中。小蔡冥思苦想，希望能够做出一个充满激情的歌唱大会预告海报，让朝夕相处的同事感受到公司积极向上，营造充满干劲的文化氛围。为此，小蔡浏览了多个有关海报案例，海报制作工作正在如火如荼地展开。

NG! 菜鸟效果

文字及图像中各
元素的关联度差

海报的整体色调
较黯淡

背景单调

在设计海报时，小蔡忽略了整体协调感，文字虽然是亮眼的烫金色，但与背景色彩对比不强烈，显色很突兀。虽然想要突出"歌唱比赛"四个字，但是缺少聚焦的组合元素，反而分散了视觉效果。此外，如果能适当添加修饰元素，将为整个作品增色不少。

MISSION!
1

制作歌唱比赛的预告海报，是应该突出主题文字，但也要注意添加聚焦文字的元素组合。本案例将通过使用文字变形工具、通道的功能、曲线及色相/饱和度命令，设计一个充满活力的海报，鼓舞更多人参与到歌唱大赛中，展现自己工作风采的同时表现自己较为艺术色彩的一面。

10%
30%
50%
80%
100%

逆袭效果

OK!

添加文字的修饰元素，使文字更加紧凑

添加整个图像的修饰元素，丰富内容

添加舞台幕帘，使背景更加华丽

首先通过"色相/饱和度"命令，调高了背景的亮度和颜色的饱和度，增加了与文字的对比度。接着，添加了聚焦文字的修饰元素，突出文字的同时，加强了文字与整个设计的关联性。最后，为整个作品添加修饰元素，丰富作品内容。

Point 1 使用文字工具

文字工具除了较为常用的键入文字的作用外，还能够调整文字的紧凑程度，改变文字的形态和字体效果等。合理使用文字工具能够使工作效率事半功倍。下面介绍创建海报主题文字的具体操作方法。

1

打开Photoshop CC 软件，按下Ctrl+N组合键打开"新建"对话框，将文档命名为"歌唱比赛预告"，设置文件宽度为1250像素、高度为700像素、分辨率72像素/英寸、颜色模式为RGB8位、背景内容为"白色"，然后单击"确定"按钮。

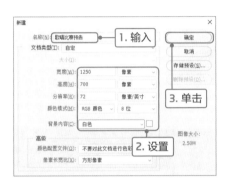

2

双击"背景"图层，在打开的"新建图层"对话框中重命名图层为"白色背景"。在工具箱中选择横排文字工具，设置字体样式为"华文隶书"、文字大小为200点、字体颜色为黑色，键入"歌唱大赛"文字。

3

在横排文字工具选项栏中单击"创建文字变形"按钮，则会弹出"变形文字"对话框，选择"样式"下拉列表中的"下弧"选项，位置为"水平"，调整"弯曲"为+12%、"水平扭曲"为-1%、"垂直扭曲"为-1%，单击"确定"按钮，查看创建变形文字的效果。

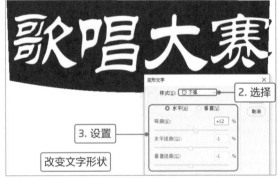

> **Tips 文字的类型**
>
> 在Photoshop中，文字的划分方式有很多种，按排列方式划分，可以分为横排文字和直排文字；按形式划分，可以分为文字和文字蒙版；按创建内容划分，可以分为点文字、段落文字和路径文字；按样式划分，可以分为普通文字和变形文字。Photoshop提供了4种文字工具，其中横排文字工具和直排文字工具用来创建点文字、段落文字和路径文字，横排文字蒙版工具和直排文字蒙版工具用来创建文字状选区。

4

打开"字符"面板，调整字符字距为-150，使"歌唱大赛"四个字之间的间距缩小，具有紧凑感。

Tips **3种创建文字的方法**

在Photoshop中，常见的文字创建方法有3种，分别为在点上创建、在段落上创建和沿路径创建。

-150

调整字体间的距离

5

选中"歌唱大赛"图层并右击，在弹出的快捷菜单中选择"栅格化文字"命令，将文字图层转换为普通图层。

6

按下快捷键B启用画笔工具，打开"画笔设置"面板，设置"画笔笔尖形状"为"圆形素描圆珠笔"、画笔颜色色值为#cccccc，根据需求灵活调整画笔大小，对文字进行修饰。

修饰文字

7

新建图层并命名为"描边"，置于所有图层之上。按住Ctrl键单击"歌唱大赛"图层缩略图，载入图层选区。选中"描边"图层，然后在选区上右击，在弹出的快捷菜单中选择"描边"命令，则会弹出"描边"对话框，设置描边的"宽度"为3像素、"颜色"为黑色。

文字描边

8

按下Ctrl+D组合键取消选区，隐藏"歌唱大赛"图层，查看描边效果。

隐藏图层

查看描边效果

Tips 文字变形

在工具箱中选择文字工具T，可以看到其选项栏中的功能，下面详细介绍相关参数。

● 更改字体：单击下三角按钮，在列表中选择字体选项，为键入的文字选择字体样式。

● 字体大小：根据需要更改字体大小的值。

● 创建文字变形：可以根据系统提供的预设样式改变文字的形状，下面对这项功能进行详细讲解。

单击"创建文字变形"按钮，即可弹出"变形文字"对话框，打开"样式"的下拉列表，可以选择系统自带的"预设样式"。这里以"扇形"预设样式为例，选择"扇形"变形样式可以观察到Photoshop中的文字产生了扇形弧度的变形。

移动"弯曲"滑块以增大数值，可以看到文字的扇形弧度变大。

移动"垂直扭曲"滑块以调整数值，可以看到文字向垂直方向进行变形延伸。

同样的道理，移动"水平扭曲"滑块以调整数值，可以使文字在水平方向进行变形延伸。

更改字体　　设置大小　　创建文字变形

扇形变形

预设样式种类

改变弯曲数值

改变垂直扭曲的数值

弯曲加大的图像

Point 2 应用通道功能

在"通道"面板中可以对通道进行编辑，例如复制、保存、删除、重命名等。对比较重要的通道进行复制，并在复制的通道上编辑，能够有效地保护原通道，减低错误风险。

1

显示"歌唱大赛"图层。打开"通道"面板，任选一个通道进行复制，在打开的对话框中命名为"歌唱大赛"。

复制通道

2

新建图层并置于所有图层之上，命名为"金属效果"，选中该图层可以看到此时图层是蒙版状态的红色，文字图像也是被选区选中状态。
设置背景色为白色，按下Ctrl+Delete组合键填充背景色。

填充白色

3

执行"滤镜>渲染>云彩"命令，查看在选区内填充云彩的效果。

添加"云彩"滤镜

Tips 应用"云彩"滤镜

如果先按住Alt键，再执行"云彩"命令，可生成色彩更加鲜明的云彩图案。

4

接着，执行"滤镜>杂色>添加杂色"命令，打开"添加杂色"对话框，设置杂点数量为15、"分布"为高斯分布，同时勾选"单色"复选框，单击"确定"按钮。

5

继续执行"滤镜>模糊>动感模糊"命令，打开"动感模糊"对话框，设置"角度"为0度、"距离"为82像素，单击"确定"按钮。

Tips **Photoshop的"模糊"滤镜组**

Photoshop的模糊滤镜组中包含11种滤镜，这些滤镜可以削弱相邻像素的对比度并柔化图像，使图像产生模糊效果。

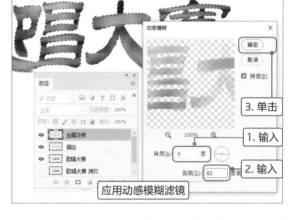

6

选中"描边"图层，隐藏除该图层及"背景"图层外的图层。打开"通道"面板，复制任意通道并命名为"描边"。

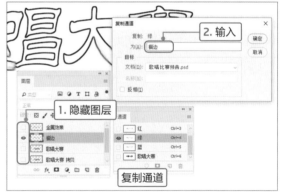

7

按住Ctrl键单击"描边"通道的缩略图，载入图像选区。执行"滤镜>模糊>高斯模糊"命令，设置"半径"为1.3像素，可以明显看到图像路径内部产生了柔美的渐变，使接下来制作的浮雕效果更清晰。

8

在所有图层最底部添加一个色值为#6633cc的紫色背景图层，方便后续调整字体颜色。选中"金属效果""描边"和"歌唱大赛"三个图层后，新建图层组并命名为"文字"。

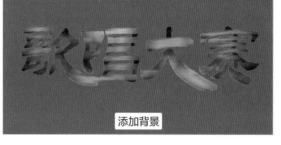
添加背景

9

双击"文字"图层组，为其添加图层样式。首先添加"斜面和浮雕"效果，请参照右图设置相关参数，其中，"高光模式"颜色的色值为#999900的黄色，"阴影模式"颜色的色值为#000000的黑色。

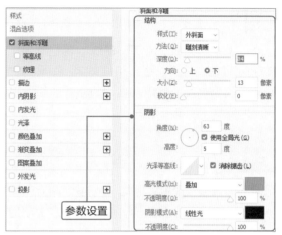
参数设置

10

接着添加"描边"图层样式，具体参数参照右图所示，其中，渐变色彩的色块从左到右颜色的色值为#333333的黑棕色、#ffffcc的黄色和#666633的深黄色。

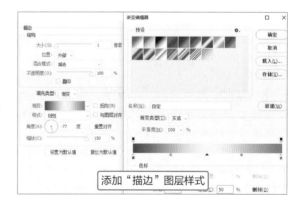
添加"描边"图层样式

11

最后，添加"光泽"图层样式，混合模式颜色的色值为#ffcc99的黄色，具体参数参照右图所示。

设置"光泽"图层样式

Tips　为"背景"图层应用图层样式

默认情况下，"背景"图层是不能应用图层样式的。用户可以按住Alt键双击"背景"图层，将"背景"图层转换为普通图层，然后再为其添加图层样式。

Point 3 调整"曲线"改变图像

执行"图像>调整>曲线"命令,可打开"曲线"对话框。这是一个功能强大的图像处理工具,可以通过吸管工具选择要调整的色彩或者高光/阴影等,也可以配合选区使用,便于精准地改变区域内图像色调或对比度。

1

打开"调整"面板,添加"曲线"调整图层,按住Alt键在"曲线"图层和"文字"图层组之间单击,为其添加剪切蒙版,调整"曲线"形状,加深文字的金属效果。

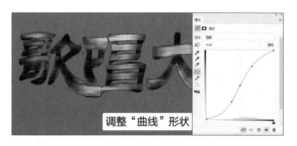
调整"曲线"形状

2

切换到"调整"面板,添加"色相/饱和度"图层,参照右图调整参数值,按照同样方法创建剪贴蒙版,此时可以看到文字的颜色发生很大变化。

调整"色相/饱和度"参数

3

打开"歌唱比赛素材.psd"文档,将做好的所有金属文字的图层拖入当前文档。按下Ctrl+T组合键,调整金属文字的大小及位置。

添加修饰素材

Tips 转换图像的颜色模式

颜色模式决定了用来显示和打印所处理图像的颜色方法。颜色模式基于颜色模型(一种描述颜色的数值方法),选择一种颜色模式,就等于选用了某种特定的颜色模型。

打开一个图像文件,在"图像>模式"下拉菜单中选择一种模式,即可将打开的图像文件转换为该模式,如右图所示。其中,RGB、CMYK和Lab颜色等是常用的、基本的颜色模式;索引颜色和双色调等则是用于特殊色彩输出的颜色模式。

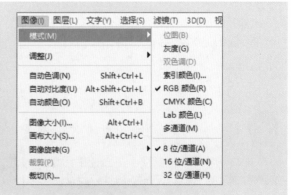

Point 4 调整图像的"色相/饱和度"

"色相/饱和度"命令能够配合选区进行部分图像色相/饱和度的调整，方法简单，灵活性高；配合"羽化"或"平滑"功能使用，能够使图像与周围的颜色很好地过渡。

1

观察金属文字和背景的协调度，发现金属文字比较暗淡，还需要再次调整"色相/饱和度"图层的参数，提亮文字，具体参数请参照右图设置。

调整"色相/饱和度"

2

然后适当调整"曲线"图层的属性值，继续提亮文字，增加与背景图层的对比度。

调整"曲线"

3

按照同样的方式为"背景"图层组中的"紫色帷幕"添加"色相/饱和度"调整图层，参照右图调整参数。至此，歌唱大赛预告海报制作完成。

调整"色相/饱和度"

Tips 快速调整图像

在"图像"下拉菜单中包含"自动色调""自动对比度"和"自动颜色"3个快速图像调整的命令，可以对图像的颜色和饱和度进行简单调整，适合对于调色工具不太熟悉的初学者使用。

技能点拨
使用曲线的高级功能调整图像

"图像>调整>曲线"命令，是Photoshop中最为强大且调整效果最为精确的命令。 执行此命令打开"曲线"对话框后，不仅可以调整图像整体的色调，还可以精确地控制多个色调区域的明暗度及色调。

1

预设功能：除了手动编辑曲线来调整图像外，还可以直接在"预设"下拉列表中选择一个Photoshop自带的调整选项。

2

曲线调整框：该区域用于显示当前对曲线所进行的修改，按住Alt键在该区域中单击，可以增加网格的显示数量，从而便于对图像进行精确调整。

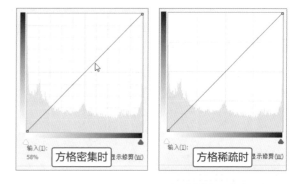

3

明暗度显示条：即曲线调整框左侧和底部的渐变条。横向的显示条为图像在调整前的明暗度状态，纵向的显示条为图像在调整后的明暗度状态。

拖动调节线向对角线左上方向的区域移动，可以加深图像的效果。

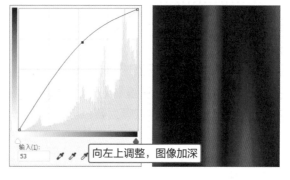

 Tips　**查看图像的颜色模型**

在Photoshop中，除了在"图像>模式"子菜单中能查看当前图像的颜色模式外，用户还可以执行"窗口>通道"命令，打开"通道"面板，在该面板中将显示相应图像颜色模式的通道。

4

拖动调节线向对角线右下方向的区域移动，可以提亮图像的效果。

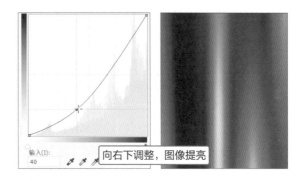

向右下调整，图像提亮

5

在"曲线"对话框中使用拖动调整工具，可以在图像中通过拖动的方式快速调整图像的色彩及亮度。选择拖动调整工具后，将光标移至图像上变为吸管形状，同时在调节线上显示和图像位置相关联的点。

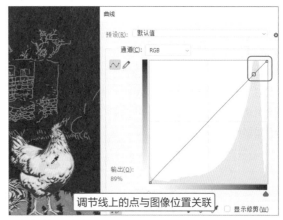

调节线上的点与图像位置关联

6

光标所在的位置过分曝光，所以按住鼠标左键向上拖动以减低图像亮度。当按住鼠标左键时，光标变为手的形状并显示上下箭头，同时调节线也发生了变化。

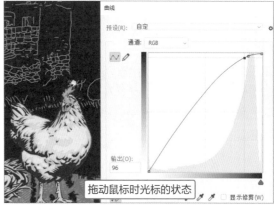

拖动鼠标时光标的状态

7

按照上面的方法，提亮图像阴影区时，只需要向下拖动鼠标即可。

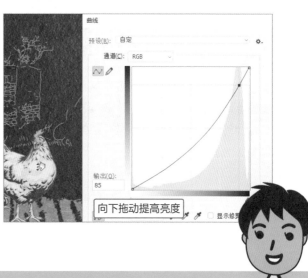

向下拖动提高亮度

8

在实际应用中也可以通过使用"曲线"对话框中的各个吸管工具，来达到与使用拖动调整工具相近的调整结果。

吸管工具从左到右依次为"在图像中取样以代表黑场""在图像中取样以代表灰场"及"在图像中取样以代表白场"。

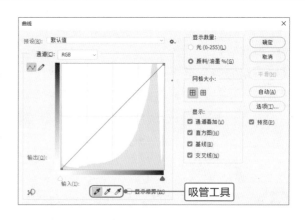

吸管工具

9

使用"在图像中取样以代表黑场"吸管工具单击图像中的高光区域，可以看到调节线的变化及图像的效果。

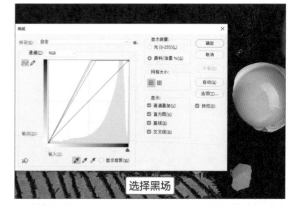

选择黑场

10

使用"在图像中取样以代表灰场"吸管工具单击图像中的灰色区域，可以看到调节线的变化及图像的效果。"在图像中取样以代表白场"吸管工具的使用方法类似，此处不做展开讲解。

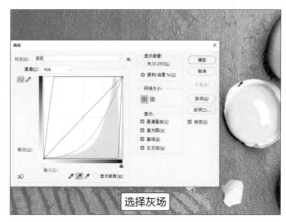

选择灰场

11

除此之外，如果需要调整多个区域，可以在调节线上单击多次，添加多个变换控制点。对于不需要的控制点，可以按住Ctrl键单击，将其删除。

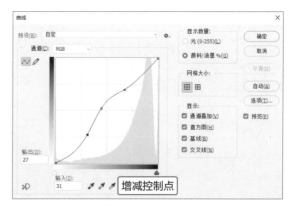

增减控制点

12

在"显示数量"选项区域中可以选择"光"或者"颜料/油墨"单选按钮，来区分印刷和非印刷下调整的图像色彩效果。值得注意的是，"光"和"颜料/油墨"模式下的"明暗度显示条"是相反的。

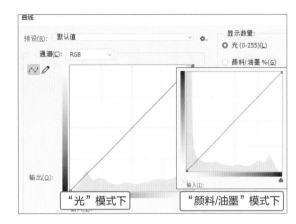

13

在"通道"下拉菜单中可以选择调整的颜色通道。选择"红"通道则调整的色调为红色，拖动调节线则图像中的红色部分发生改变。

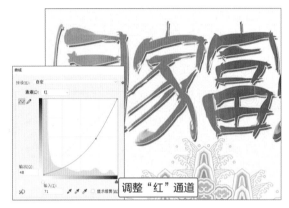

14

选择"绿"通道，则调整的色调为绿色，拖动调节线则图像中的绿色部分发生改变。

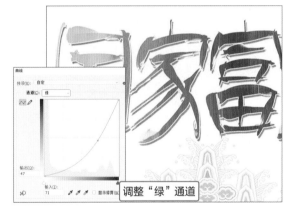

15

选择"蓝"通道，则调整的色调为蓝色，拖动调节线则图像中的蓝色部分发生改变。

图像处理
的应用

制作古玩拍卖会宣传海报

最近中国古董逐渐开始时髦起来，公司为了让员工紧跟潮流，顺应趋势决定举办一场趣味性的古董拍卖会，让历历哥作为这场拍卖会的主持人和负责人。历历哥本人很感兴趣，马上叫上小蔡商量。小蔡表示在进行推广宣传方面，他可以协助制作一张海报。

NG! 菜鸟效果

❗文字缺少与古玉的
互动感，有些生硬

❗古玉作为单个元素，
效果很是突兀，也
体现不出它的吉祥
和宝贵

❗背景内容单调，
缺少吸引力

小蔡制作的海报，本意是想通过古玉和文案交相呼应，加强主题的表达，但因为背景过于单调，不能很好地突出古玉的价值连城和灵动性。另外，两个元素之间的关联性不佳，导致整个作品效果平淡无奇。

MISSION! 2

古玩拍卖会的海报制作应该大气尊贵，文化底蕴雄厚，古韵感十足。在本案例中，海报为竖版排版能有更多的空间来烘托玉石，接着，通过使用"浮雕"滤镜制作古玉的雕刻花纹，使用通道做出玉环的立体视觉效果，使其颜色过渡自然。然后，使用"图层样式"添加光线效果。最后配合适当的文案和修饰元素，完成作品的创意设计。

10%

30%

逆袭效果 OK!

50%

改为竖版海报，添加多个修饰元素，丰富海报内容

80%

添加背景纹理及阴影效果，使整个效果更加生动

100%

为古玉添加衬托元素，突出其价值及灵性

改进后的海报调整了版式，使海报整体看起来更加舒适。特别为背景添加了纹理及阴影元素，提高了作品高端的即视感。另外，印章元素的添加体现了中国风的古韵感，与玉环相呼应。

Point 1 填充路径

打开"路径"面板，在其底部单击"填充路径"按钮，系统即可自动为绘制出的封闭路径填充"前景色"。在实际操作中，"填充路径"也可以通过右击路径，在弹出的快捷菜单中选择"填充路径"命令来实现。

1

新建名称为"古玉.psd"的文档，然后设置文档的长宽、RGB模式和背景颜色等参数。

新建文档

2

将"龙纹.tif"文件导入到当前文档，栅格化图层后，按住Ctrl键单击图层缩略图，载入选区。按住Alt键对选中的区域进行删减，仅保留轮廓即可。

栅格化图层并载入

3

切换到"路径"面板，单击面板底部的"从选区生成工作路径"按钮，命名为"玉环轮廓"。将保存后的路径放大，可以看到在边缘处明显不贴合。使用钢笔工具进行调整，调整后的路径紧贴玉环边缘。

隐藏"龙纹"图层，查看效果。

将选区转换成路径并调整

 Tips 删除路径

方法1：在"路径"面板上选择要删除的路径，然后单击面板底部的"删除当前路径"按钮，在弹出的对话框中单击"是"按钮，即可删除选中的路径，如右图所示。
方法2：选中要删除的路径，然后直接按下键盘上的Delete键，即可执行删除路径操作。

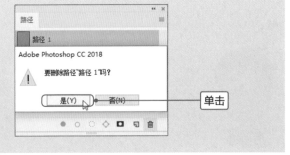

Point 2 使用"浮雕效果"滤镜

Photoshop的滤镜功能十分强大，设计师通常将其作为为创作添加点睛之笔的高级工具，但滤镜应用的把握难度较大，需要操作者进行反复练习和总结。"浮雕效果"滤镜能够轻松地将平面图案转换为立体图案，是使用频率较高的功能。

1

新建图层并命名为mine。设置前景色为黑色，色值为#ffffff。单击"路径"面板底部的"用前景色填充路径"按钮，为玉环填充纯黑色剪影。

填充路径

2

打开"通道"面板，复制任意通道并命名为mine。执行"滤镜>模糊>高斯模糊"命令，在打开的对话框中设置半径值为7像素，为后面浮雕效果的制作提供基础。

高斯模糊

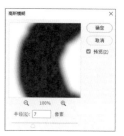

> Tips　"高斯模糊"滤镜
>
> "高斯模糊"滤镜可以添加低频细节，使图像产生一种朦胧效果。在"高斯模糊"对话框中，用户可以通过调整"半径"值来设置模糊的范围，数值越高，模糊效果越强烈。

3

执行"滤镜>风格化>浮雕效果"命令，在打开的对话框中设置相关参数，可以明显看到玉环已经变得凸起，稍有立体感。

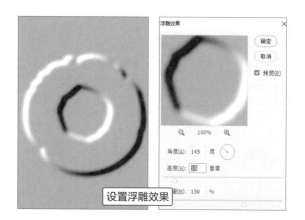

设置浮雕效果

> Tips　"浮雕效果"滤镜
>
> "浮雕效果"滤镜可通过勾画图像或选区的轮廓和降低周围色值来生成凸起或凹陷的浮雕效果。

> Tips　关于滤镜
>
> 使用滤镜可以对照片进行修饰和修复，为图像提供素描或印象派绘画外观的特殊艺术效果，还可以使用扭曲和光照效果创建独特的变化效果。用户在"滤镜"菜单中选择相应的滤镜命令，然后在弹出的对话框中设置参数即可。

Point 3 使用"色阶"调整图像

执行"图像>调整>色阶"命令或者按下Ctrl+L组合键，可以打开"色阶"对话框。使用"色阶"命令，可以调整图像的阴影、中间调和高光的关系，从而调整图像的色调范围或色彩平衡。

1

复制mine通道并命名为mine b，按下Ctrl+L组合键打开"色阶"对话框，用"在图像中取样以设置白场"吸管单击图像中的灰色部分，通道变为右图所示的状态。

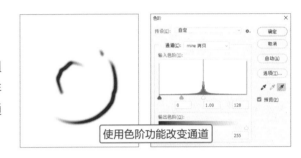

使用色阶功能改变通道

2

我们将要选择的是上一步中黑色的部分，所以按下Ctrl+I组合键进行反相操作，上一步的效果图中黑色变白色，白色变为黑色。

"反选"图像

3

再次复制mine通道并命名为mine w，按下Ctrl+L组合键再次打开"色阶"对话框，使用"在图像中取样以设置黑场"吸管单击图像中的灰色部分。

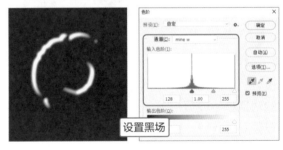

设置黑场

 Tips **同时调整多个通道**

如果要同时编辑多个通道，可以在"通道"面板中按住Shift键的同时选择这些通道，如选择"红"和"绿"通道。然后在菜单栏中执行"图像>调整>色阶"命令，在打开的"色阶"对话框中可以看到"通道"选择了对应的RG，表示红、绿通道。

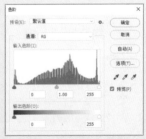

Point 4 将通道作为选区载入

打开"通道"面板，单击底部的"将通道作为选区载入"按钮，能够将当前通道的白色区域作为选区载入，这里需要注意的是黑色部分为不被选中的选区部分。在实际操作中，常常结合画笔工具使用，将需要的图像涂成白色，将不需要的部分涂成黑色。

1

新建图层并命名为"mine上色"。按住Ctrl键单击mine图层的缩略图载入玉环选区，填充玉环的中间颜色为暗黄色，色值为#d0a757。
打开"通道"面板，选择mine b通道，单击"通道"面板底部的"将通道作为选区载入"按钮，载入玉环深色部分的选区，填充更暗的黄色，色值为#7d3c1f。

填充中间色及深色部分的颜色

2

按照同样的方式将mine w通道作为选区载入，并填充稍浅的黄色，色值为#f1efd6。
此时可以看到玉环已经相当圆润且具有立体感，但是轮廓不是很清晰，还需要进一步优化。

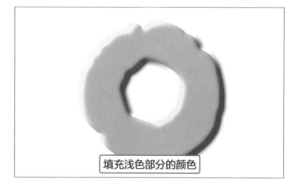

填充浅色部分的颜色

3

按住Ctrl键单击mine图层的缩略图，载入选区。接着，按下Ctrl+Shift+I组合键反选图像，然后按下Delete键清除模糊的轮廓，此时玉环的轮廓清晰可见。

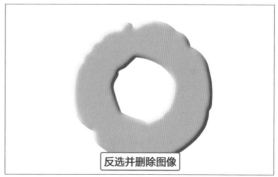

反选并删除图像

Tips 黑场与白场

黑场是画面中最黑的颜色，白场是画面中最白的颜色，它们不一定是极端的黑色和白色，但也要达到一定程度的黑和白。在"通道"中，黑场为未选中图像，白场为选中图像。

Point 5 添加图层样式

在Photoshop中，"图层样式"能够快速为图层添加令人惊艳的效果。此外，"图层样式"使用方法简单，效果显著，双击需要添加样式的图层，便可激活该功能，然后进行相应的参数设置即可。

双击"mine 上色"图层，添加"内发光"图层样式，参照右图设置具体参数。

> **Tips　"内发光"效果**
>
> "内发光"效果可以沿图层内容的边缘向内创建发光效果。在其参数设置面板中，除了"源"和"阻塞"外，其他大部分选项都与"外发光"效果相同。

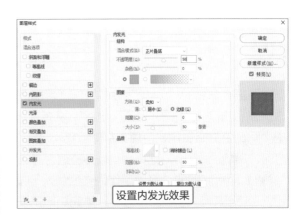

设置内发光效果

单击"杂色"下方的色块，会弹出"拾色器"对话框，可以根据需要选择颜色，这里选择色值为#d0a757的深黄色。

> **Tips　关于"拾色器"对话框**
>
> 在"拾色器"对话框中，我们可以选择基于HSB（色相、饱和度、亮度）、RGB（红色、绿色、蓝色）、Lab或CMYK（青色、洋红、黄色、黑色）等颜色模式来指定颜色。

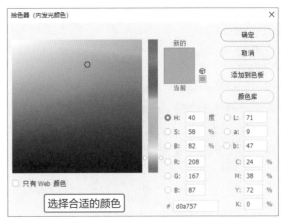

选择合适的颜色

添加"内发光"图层样式后的玉环，不仅光泽上过渡更加自然，立体感也相较之前更加深刻。

> **Tips　"外发光"效果**
>
> "外发光"效果可以沿图层内容的边缘向外创建发光效果。

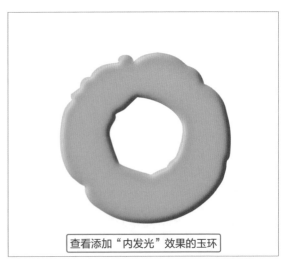

查看添加"内发光"效果的玉环

Point 6 制作纹理效果

对于重复上一操作，需要注意的是明白原理知晓最终效果，然后根据需求进行选取图像处理功能。在以下步骤中，最需要注意的是数值的考量和对"滤镜"功能熟练度的把握。

1

显示"龙纹"图层并置于所有图层之上，切换至"通道"面板，选择任意一个通道进行复制，然后命名为"玉纹"。执行"滤镜>模糊>高斯模糊"命令，在打开的"高斯模糊"对话框中设置模糊半径为1.5像素。

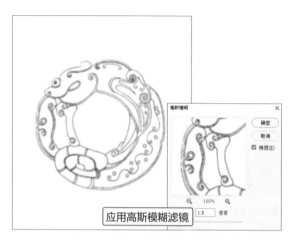

应用高斯模糊滤镜

2

执行"滤镜>风格化>浮雕效果"命令，在打开的对话框中设置浮雕效果相关参数，可以明显看到龙纹凸起，稍有立体感。

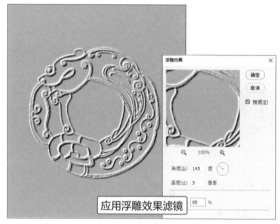

应用浮雕效果滤镜

3

复制"玉纹"通道并命名为"玉纹b"，按下Ctrl+L组合键打开"色阶"对话框，用"在图像中取样以设置白场"吸管单击图像中的灰色部分，查看设置的效果。

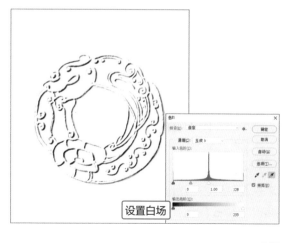

设置白场

4

我们将要选择上一步中黑色的部分，所以按下
Ctrl+I组合键进行反相操作，查看反相的效果。

反相

5

再次复制"玉纹"通道并命名为"玉纹w"，
按下Ctrl+L组合键打开"色阶"对话框，使用
"在图像中取样以设置黑场"吸管单击图像中的
灰色部分。

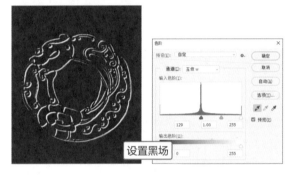

设置黑场

6

切换到"图层"面板，新建图层并命名为"玉
纹上色b"，返回到"通道"面板，选择对应
的"玉纹b"通道，单击面板底部的"将通道
作为选区载入"按钮，为选区填充颜色色值为
#7c5b1b的颜色。

填充选区

7

更改"玉纹上色b"的混合模式为"柔光"。
新建图层并置于所有图层之上，命名为"玉纹
上色w"。在"通道"面板中选择对应的"玉
纹w"通道，单击面板底部的"将通道作为选
区载入"按钮，为选区填充白色，设置色值为
#ffffff。更改图层"不透明度"为70%。

再次填充选区

8

将"纹理.jpg"素材拖入当前文档中，更改其"混合模式"为"颜色加深"，至此，右玉制作完成。

更改"混合模式"

9

打开"古玩拍卖会海报素材.psd"文件，将当前文档中除"背景"和mine图层外的图层全部拖入，使用"自由变换"命令调整文字大小及位置。

添加装饰素材

10

同样使用"自由变换"命令，调整玉环的大小及位置，对修饰元素"丹炉""扇子""阴影"及"彩云"进行排版。

添加修饰元素

11

最后，将有关玉环的图层归为一组并命名为"古玉"。双击"古玉"图层组，在打开的对话框中添加"投影"图层样式。至此，古玩拍卖会的宣传海报制作完成。

添加投影效果

最终效果

使用色阶调整图像

在Photoshop中执行"图像>调整>色阶"命令或按下Ctrl+L组合键可以打开"色阶"对话框，拖动"输入色阶"直方图下面的滑块或者在对应数值框中输入数值，以改变图像的高光、中间调或暗调，从而增加图像的对比度。

1

向左拖动"输入色阶"中的白色滑块，可以使图像高光部分变亮。

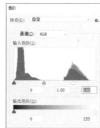

拖动白色滑块

2

向左拖动"输入色阶"中的灰色滑块，可以使图像中间色调部分变亮。

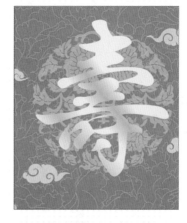

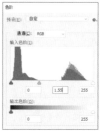

拖动灰色滑块

3

向右拖动"输入色阶"中的黑色滑块，可以使图像整体变暗。

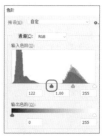

拖动黑色滑块

4

按照同样的方式，反向调整滑块，能够得到不同的效果。

向左拖动"输出色阶"中的白色滑块，可以降低图像亮部对比度，从而使图像变暗。

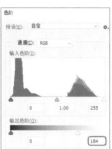
向左拖动滑块

5

向右拖动"输出色阶"中的黑色滑块，可以降低图像暗部对比度，从而使图像变亮。

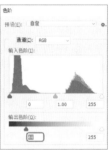
向右拖动滑块

6

使用"在图像中取样以设置黑场"吸管工具在图像中单击，可以使图像基于单击处的色值变暗。

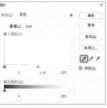
黑色吸管工具

7

使用"在图像中取样以设置白场"吸管工具在图像中单击，可以使图像基于单击处的色值变亮。

白色吸管工具

8

使用"在图像中取样以设置灰场"吸管工具在图像中单击，可以使图像减去单击处的色调，以减弱图像的偏色。

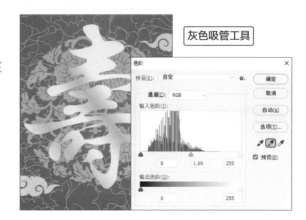

灰色吸管工具

9

如果需要将对话框中的设置保存为一个设置文件，在以后的工作中使用，可以单击"预设选项"下三角按钮，在列表中选择"存储"预设选项，在打开的"另存为"对话框保存即可。

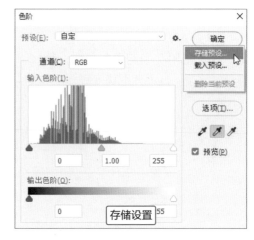

存储设置

10

同样的，如果要调用"色阶"命令的设置文件，可以在"预设选项"列表中选择"载入"选项，在弹出的"载入"对话框中选择该文件。

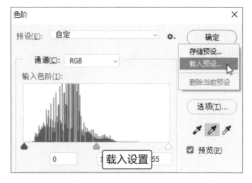

载入设置

11

单击"自动"按钮，Photoshop将自动调节数码照片的对比度和明暗度。

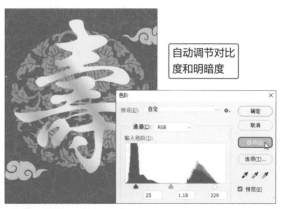

自动调节对比度和明暗度

12

单击"选项"按钮，在打开的"自动颜色校正选项"对话框中选择自动颜色矫正的算法，包括四个系统提供的计算方式。

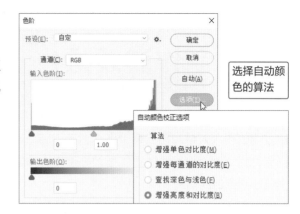

选择自动颜色的算法

13

在"通道"下拉菜单中可以选择调整的颜色通道。选择"红"通道则调整的色调为红色，拖动调整滑块，则图像中的红色部分发生改变。

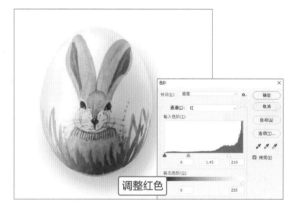

调整红色

14

选择"绿"通道则调整的色调为绿色，拖动调整滑块，则图像中的绿色部分发生改变。

调整绿色

15

选择"蓝"通道则调整的色调为蓝色，拖动调整滑块，则图像中的蓝色部分发生改变。

调整蓝色

图像处理
的应用

制作游戏推广宣传海报

某游戏公司开发了一款新游戏，他们找到历历哥为新游戏的推广制作封面。由于这款游戏的模型建立精美引人入境，因此要求推广封面能够体现出科技元素的酷炫和金属质感。历历哥和小蔡进行商讨后，嘱咐他尽快做出，要求画面务必未来纪元效果十足，充分展示游戏体验度的同时显示出游戏制作时的精良。

NG! 菜鸟效果

标题立体感不强

眼球的发光效果不足

背景的金属质感不够强烈

作为一款游戏的推广图，视觉效果并不强烈，未很好地突出画面的科技效果；虽然做出了金属拉丝质感，但细节处处理并没有很细致。最后，图像中的文字及分割形状的立体感不强，整个版式的视觉效果也不是很协调。

MISSION!
3

游戏推广宣传海报的主要目的是尽量展示出游戏的科技感，因此设计时尤其要注意金属炫酷感的营造。横版的版式设计能够更好体现游戏画面的大气和科技感。本案例用银灰色金属拉丝效果作为背景，使用"图层样式"制作透明、发光效果极佳的眼球状标志作为图像中最显眼的元素，让看到的人能够迅速地感受到画面的科技感。

10%

30%

逆袭效果 OK!

50%

使用通道让背景的金属拉丝效果更逼真

eye burning

80%

添加"图层样式"效果，使文字的立体感更强

"The wood was wet and wouldn't kindle easily.
et cell: Device that converts chemical energy of a fuel directly into electric
At this point one of the engines burst into flame

100%

使用"滤镜"渲染眼珠内的发光效果，颜色更亮丽

总体版式从竖版改为横版，拉宽视觉效果；使用"图层样式"加强文字的立体感，让整个作品科技感强烈、主题明确；"混合模式"的应用改变图像的合成效果，使图像的颜色更加鲜艳；应用合适的滤镜效果，使背景的金属感效果更加逼真。

Point 1 使用滤镜制作眼球

滤镜功能主要用来实现图像的各种特殊效果，它在Photoshop中具有非常神奇的作用。滤镜的应用非常简单，但是真正用起来却很难恰到好处。滤镜通常需要同通道、图层等联合使用，才能取得最佳的艺术效果。下面结合案例进行详细讲解。

1

新建文档并命名为"制作企业宣传册封皮"，设置文档的宽度为1024像素、高度为768像素、分辨率为72像素/英寸、颜色模式为RGB颜色、背景为白色，然后单击"确定"按钮。

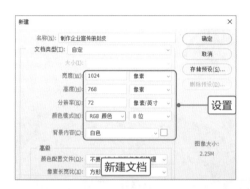

2

为了使操作过程清晰明了，我们将背景颜色改为黑色。新建图层并命名为"眼珠"，选择椭圆选框工具，按住Shift键在图像中间绘制一个正圆形选区。

3

用色值为#ffffff的白色填充选区。保持选区为选中状态，执行"滤镜>杂色>添加杂色"命令，在打开的对话框中设置数量为400%，选择分布方式为高斯分布，并勾选"单色"复选框。

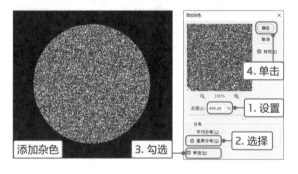

Tips 提高滤镜性能

Photoshop中一部分滤镜在使用时会占用大量的内存，如"光照效果""木刻"和"渲染玻璃"等，特别是编辑高分辨率的图像时，Photoshop的处理速度会变得很慢。遇到这种情况，可以先在一小部分图像上试验滤镜，找到合适的设置参数后，再将滤镜应用于整个图像。用户还可以在使用滤镜前先执行"编辑>清理"命令来释放内存，或退出其他应用程序，为Photoshop提供更多的可用内存。

4

执行"滤镜>模糊>径向模糊"命令，在打开的对话框中设置数量为40、模糊方法为"缩放"、品质为"好"。

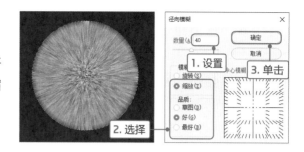

Tips **径向模糊的中心点注意事项**

如果希望形状能够从中心进行径向模糊，需要注意对这个形状进行选择，即载入这个图像的选区后，才能执行"径向模糊"命令，否则，模糊将不再从中心点开始，从而产生误差。

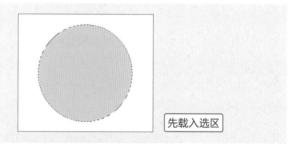

5

执行"选择>修改>收缩"命令，在打开的对话框中调整收缩量为10像素，可以看到此时图像选区向内收缩了10像素。

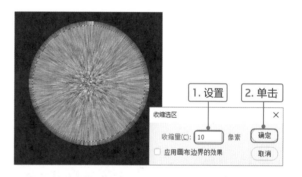

6

按下Ctrl+Shift+I组合键反选选区，然后按下Delete键删除选区内图像，可以看出此时圆形的轮廓清晰明了。

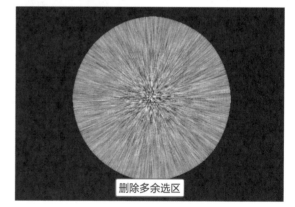

Tips **选区的显示与隐藏**

创建选区后，执行"视图>显示>选区边缘"命令或按下Ctrl+H组合键，可以隐藏选区。如果要用画笔绘制选区边缘的图像，或者对选中的图像应用滤镜，将选区隐藏之后，可以更加清楚地看到选区边缘图像的变化情况。
选区隐藏以后，选区虽然看不见了，但它仍然存在，并限定操作的有效区域。如果需要重新显示选区，可以再次按下Ctrl+H组合键。

Point 2 应用"色彩范围"命令

执行"选择<色彩范围"命令,则会弹出"色彩范围"对话框。在"选择"列表中可以根据特定颜色、亮度或暗度等对图像内容进行抓取,绘制成选区,配合其他图像处理工具的使用,能够为设计添加创意效果。

新建图层,命名为"色彩"。设置前景色的值为#cccc33的黄色、背景色的色值为#996633的橙色。执行"滤镜>渲染>云彩"命令,制作云彩效果。按住Ctrl键单击"眼珠"图层的缩略图,载入眼珠选区。

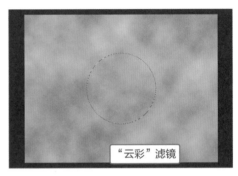

"云彩"滤镜

 Tips **"云彩"滤镜与"分层云彩"滤镜**

"云彩"滤镜可以使用介于前景色与背景色之间的随机值生成柔和的云彩图案。
"分层云彩"滤镜可以将云彩数据和现有的像素混合,其方式与"差值"模式混合颜色的方式相同。第一次使用滤镜时,图像的某些部分被反相为云彩图案,多次应用滤镜后,就会创建出与大理石纹理相似的凸缘与叶脉图案。

2

按下Ctrl+Shift+I组合键反选选区,接着按下Delete键清除选区内图像。
更改"色彩"图层的"混合模式"为"正片叠底",可以看到"色彩"图层与"眼珠"图层融为一体。

清除图像

更改"混合模式"

3

要提高眼珠的亮度,则首先复制"色彩"图层,改其图层"混合模式"为"颜色减淡",此时可见眼珠的颜色有了很大程度的提亮效果。

复制图层

 Tips **混合模式的效果**

混合模式是能够用不同的混合效果,将对象颜色与底层对象的颜色混合,达到惊艳效果的高级图像处理功能。
Photoshop中常用的混合模式种类有"溶解""正片叠底""柔和"和"饱和度"等。

4

将"星.TIF"素材文件拖入当前文档，更改图层名称为"星"。

执行"选择>色彩范围"命令，打开"色彩范围"对话框，在"选择"列表中选择"高光"选项，其他参数参照右图设置。

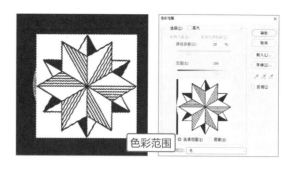

色彩范围

5

执行"选择>修改>羽化"命令，在打开的对话框中设置羽化半径为2像素，然后按下Delete键清除选区内图像。

"羽化"选区

 Tips **对选区进行羽化**

"羽化"命令用于对选区进行羽化。羽化是通过建立选区和选区周围像素之间的转换边界来模糊边缘的，这种模糊方式会丢失选区边缘的图像细节。

6

双击"眼珠"图层，打开"图层样式"对话框，添加"内发光"图层样式，参照右图设置具体参数。

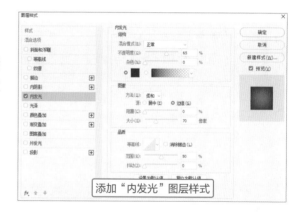

添加"内发光"图层样式

7

按下Ctrl+T组合键，调整星的大小和位置。

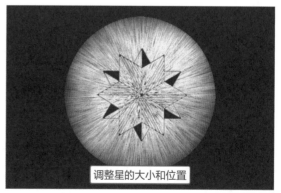

调整星的大小和位置

8

新建图层并命名为"眼白",填充色值为#ffffff
的白色。按下Ctrl+D组合键取消选区,执行
"滤镜>模糊>高斯模糊"命令,在打开的对话
框中设置模糊半径为10像素。

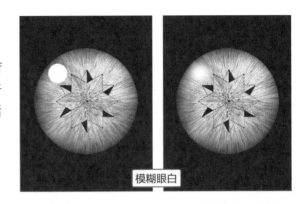

模糊眼白

9

再次使用椭圆选框工具绘制一个圆形选区。将
选区移动到上一步绘制的圆的三分之一处。
然后,按下Ctrl+Shift+I组合键反选选区,按
Delete键清除多余像素。

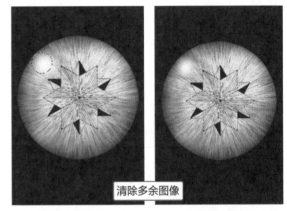

清除多余图像

10

按下Ctrl+T组合键进行自由变换操作,然后按
住Ctrl键,拖曳四边形左上角控制点到合适的
位置,改变圆的形状。

改变圆的形状

Tips　　自由变换命令的变形功能

按Ctrl+T组合键后再按住Ctrl键,拖曳四边形四角的控制
点,即可对图像进行自由变形。或者执行"编辑>变换"
命令,其子菜单中包含多种变形命令,用户可根据需要
进行选择。

变换(A)	►	再次(A)　　Shift+Ctrl+T
自动对齐图层...		缩放(S)
自动混合图层...		旋转(R)
定义画笔预设(B)...		斜切(K)
定义图案...		扭曲(D)
定义自定形状...		透视(P)
		变形(W)
清理(R)	►	
		旋转 180 度(1)
Adobe PDF 预设...		顺时针旋转 90 度(9)
预设	►	逆时针旋转 90 度(0)
远程连接...		
		水平翻转(H)
颜色设置(G)...　　Shift+Ctrl+K		垂直翻转(V)

变形功能

Point **3** 使用通道制作金属效果

作为图像处理的高级功能，单纯的"通道"操作是不可能对图象本身产生任何效果的，必须同其他工具结合，如蒙版工具、选区工具和绘图工具等。当然要想做出一些特殊的效果，就需要配合滤镜特效、图像调整颜色功能来一起操作。

1

新建图层并命名为"底纹"，使用油漆桶工具填充色值为#ffffff的白色。执行"滤镜>杂色>添加杂色"命令，在打开的对话框中设置"数量"为50%、"分布"为"高斯分布"，勾选"单色"复选框。

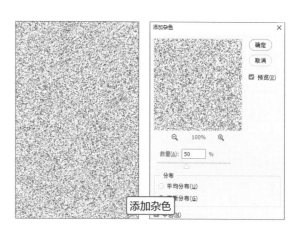

2

按下Ctrl+A组合键全选图层，执行"滤镜>模糊>径向模糊"命令，打开"径向模糊"对话框，参照右图设置参数。
按下Alt+Ctrl+F组合键，重复上述滤镜操作，使滤镜效果更加细腻。

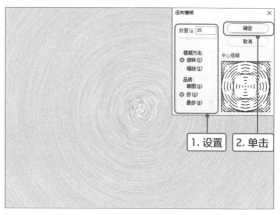

3

打开"花纹镂空.TIF"素材文件，执行"选择>色彩范围"命令，在弹出的对话框中更改"选择"为"高光"，按下Delete键清除选区内图像。

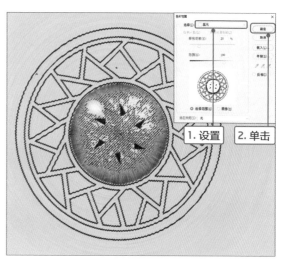

10
%

30
%

50
%

80
%

100
%

隐藏除"花纹镂空"图层及"背景"图层外的所有图层，选择任意通道并复制。

 Tips　复制通道

选择"通道"面板中需要复制的通道并右击，选择"复制通道"命令，进行通道的复制。或者将要复制的通道直接拖动到"通道"面板底部的"创建新通道"按钮上，释放鼠标左键，在图像文件内快速复制通道。

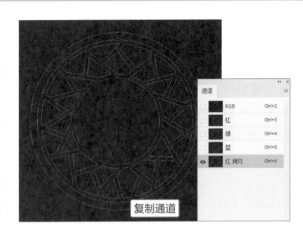

复制通道

5

执行"滤镜>风格化>浮雕效果"命令，在打开的对话框中设置角度、高度和数量参数。

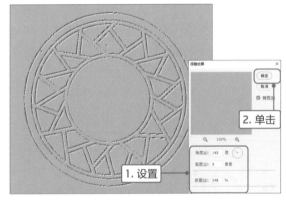

2. 单击

1. 设置

6

按下Ctrl+A组合键全选通道，按下Ctrl+C组合键复制通道，回到"图层"面板，在最上层新建图层，按下Ctrl+V组合键，新建并粘贴通道内容，命名为"通道复制"。

执行"图像>调整>曲线"命令，在打开的对话框中调整曲线的形状。

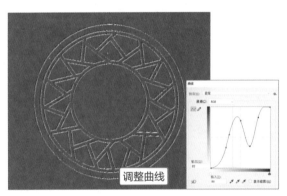

调整曲线

7

显示隐藏的图层，更改"通道复制"图层的"混合模式"为"叠加"。

至此，设计基本完成，下面进行润色。

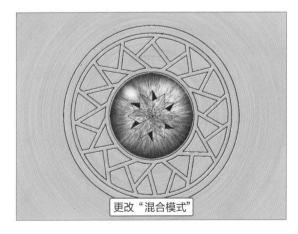

更改"混合模式"

Point 4 使用图层样式润色图像

"图层样式"是Photoshop高频率图像处理工具，是作为图片后期制作以达到预定效果的重要手段之一。图层样式的功能强大，能够简单快捷地制作出各种立体投影，各种质感以及光景效果的图像特效。

按下Ctrl键单击"星"图层的缩略图，载入选区。执行"选择>修改>羽化"命令，在打开的对话框中设置羽化半径为1像素。

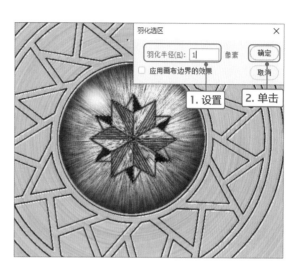

Tips 快速打开"羽化选区"对话框

使用"羽化"命令可以使选区边缘变得柔和，从而使选区内的图像与选区外的图像过渡自然。直接按下Shift+F6组合键，可以快速打开"羽化选区"对话框。

按下M键启用选框工具，右击选区，在弹出的快捷菜单中选择"描边"命令，参照右图设置参数，其中颜色设置为黑色，进一步完善眼球逼真效果。

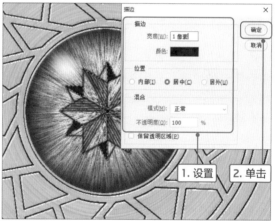

Tips 选区的描边

对选区使用"描边"命令，可以使用一种颜色填充选区边界，还可以设置描边的宽度。

3

双击"星"图层，为其添加"外发光"图层样式，参照右图设置具体参数。添加"外发光"图层样式的眼球，中间部分明显变亮。

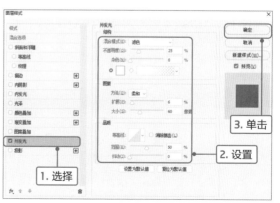

Point

4

将除底纹和背景外的所有图层向上垂直移动。
然后，使用钢笔工具绘制右图所示的分割线
形状。

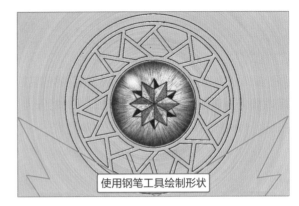

使用钢笔工具绘制形状

5

在"路径"面板保存该形状，命名为"分割
线"。新建图层并命名为"分割线"。设置前景
色为黑色（#000000），单击"路径"面板左
下角的"用前景色填充路径"按钮。

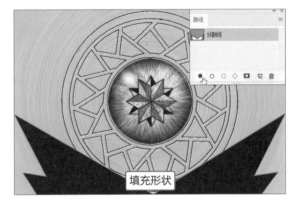

填充形状

6

使用"自由变换"命令，将该图层旋转至右图
左侧所示的位置，然后复制该图层。选中复制
图层，使用"自由变换"命令中的"水平翻
转"命令，将其移到右图右侧所示的位置。

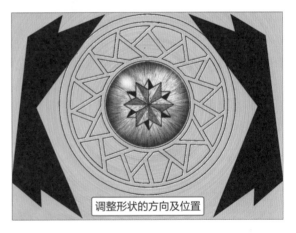

调整形状的方向及位置

 Tips **变换路径**

变换路径与变换图像的方法完全相同。在"路径"面
板中选择路径，然后执行"编辑>变换路径"命令或者
执行"编辑>自由变换路径"子菜单中的选项，即可对
其进行相应的变换。

7

分别为"分割线"及"分割线拷贝"图层添加
图层样式"光泽"及"投影"效果。其中"光
泽"的参数两者一致，"投影"参数右上图为
"分割线"，右下图为"分割线拷贝"。

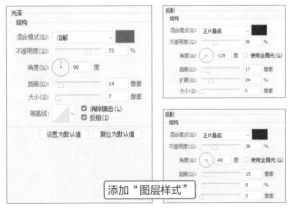

添加"图层样式"

8

此时观察添加"图层样式"的形状，含有红黑相间的颗粒状表面，显得相当有质感。

9

接下来为作品添加文字部分并进行排版。首先栅格化大标题图层后添加"渐变叠加"和"投影"图层样式，参照右图设置相关参数。

10

继续为该图层添加"描边"和"内发光"的图层样式，参照右图设置相关参数，其中"描边"颜色为黑灰（#666666），"内发光"颜色为白色（#ffffff）。

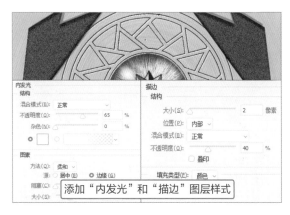

11

最后为其添加"斜面和浮雕"效果，调整"高光模式"为"线性减淡"，颜色为灰色（#666666）；调整"阴影模式"为"线性光"，颜色为黑色（#000000）。至此，游戏推广宣传海报制作完成。

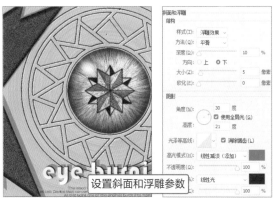

使用通道编辑图像

在Photoshop中要对通道进行操作，必须使用"通道"面板。执行"窗口>通道"命令可显示"通道"面板。"通道"面板的组成元素较为简单，但其功能强大，尤其在使用高级功能时，可以快速对图像进行处理。

1."通道"面板底部按钮释义

1

"将通道作为选区载入"按钮：单击此按钮，可以载入当前选择通道所保存的选区。

"将选区存储为通道"按钮：在选区处于激活状态时，单击此按钮，可以将当前选区保存为Alpha通道。

2

"创建新通道"按钮：单击此按钮，可以按默认设置新建Alpha通道。

"删除当前通道"按钮：单击此按钮，可以删除当前选择的通道。

3

原色通道与Alpha通道的区别：简单地说，原色通道是保存图像颜色信息、选区信息等的场所。例如，CMYK模式的图像具有四个原色通道与一个原色合成通道。

 Tips **Alpha通道和选区的相互转化**

在Photoshop中可以将通道作为选区载入，以便对图像中相同的颜色取样进行调整。其操作方法是在"通道"面板中选择通道后单击"将通道作为选区载入"按钮，即可将当前的通道快速转化为选区。也可按住Ctrl键直接单击该通道的缩览图。

4

与原色通道不同的是，Alpha通道是用来存放选区信息的，其中包括选区的位置、大小、是否具有羽化值或者羽化程度的大小等。右图一个为图像中的Alpha通道，一个为通过此Alpha通道载入的选区。

Alpha通道

载入的选区

2.使用"通道"抠图

1

要在"通道"面板选择对比度最为明显的通道，这里选择"红"通道并右击，在弹出的快捷菜单中选择"复制通道"命令，复制通道。

选择通道并复制

2

按下Ctrl+L组合键打开"色阶"对话框，进一步调整图像的对比度直到头发丝清晰可见。

调整图像对比度

3

设置前景色为"白色"，使用画笔工具将想要扣取的模特身体中的黑色部分涂白。

黑色涂白

4

返回"图层"面板，新建底色为"黄色"#999933的背景层。
复制"模特"图层命名为"头发"，选择"头发"图层，隐藏"模特"图层。切换到"通道"面板，选择复制的红色通道。

选择通道和图层

5

单击"通道"面板底部的"将通道作为选区载入"按钮⊙，可以看到通道的白色部分形成了选区。

单击载入按钮

6

单击"图层"面板底部的"添加图层蒙版"按钮⚫，此时可以看到人物的头发和皮肤部分已经全部抠取出来。

单击，添加蒙版

7

使用钢笔工具将衣服部分抠取出来，在"路径"面板将路径作为选区载入，按下Ctrl+Shift+I组合键反选选区，按下Delete键删除图像，整个人物抠取完毕。

扣取模特衣服

Tips　**选区的反选**

"反向"命令主要用于选择复杂对象，当发现多种颜色的复杂对象在单一背景上，通过反向操作可以使选择图像更加简单。

先在图像中创建选区，然后执行"选择>反向"命令或者按下Shift+Ctrl+I组合键，执行选区的反选操作。对图像执行反选选区命令的前提是，图像中必须要有选区。

创建选区

反选选区

3.通道的其他辅助性工具

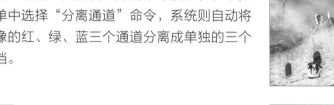

分离通道

1

单击"通道"面板右上方的菜单按钮，在下拉菜单中选择"分离通道"命令，系统则自动将图像的红、绿、蓝三个通道分离成单独的三个文档。

新建通道

2

选择"新建通道"命令，在弹出的"新建通道"对话框中设置相关参数，则会在"通道"面板中出现一个新的Alphe通道。

专色通道和面板选项

3

选择"新建专色通道"命令，在弹出的"新建通道"对话框中设置相关参数，则会在"通道"面板出现一个新的"专色通道"。

选择"面板选项"命令则会弹出"通单面板选项"对话框，这里可以调整通道的缩略图大小。

通道选项

4

选择"通道选项"命令，在弹出的对话框中设置通道的色彩指示，该命令只作用于新建或复制的单独通道。

图像处理
的应用

制作创新思维宣传海报

创新思维提倡以新颖独创的方法解决问题，这种思维能突破常规思维的界限，以超常规甚至反常规的方法、视角去思考问题，提出与众不同的解决方案，从而产生新颖、独到、有社会意义的思维成果。为呼吁大家勇于创新，敢于革新，提高工作效率，历历哥让小蔡制作关于创新思维的宣传海报，小蔡认真思考后进行创作。

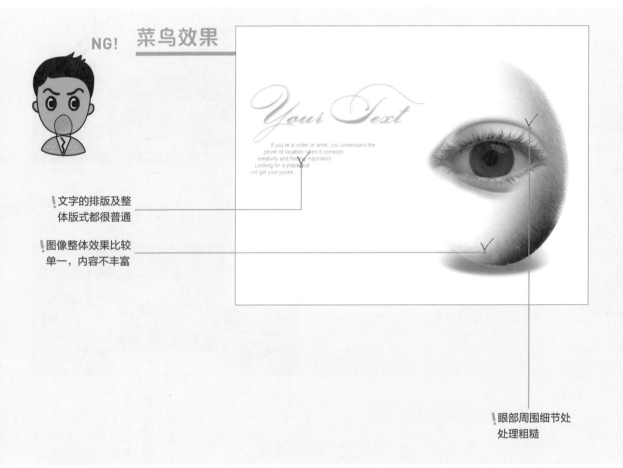

NG! 菜鸟效果

Your Text

If you're a writer or artist, you understand the power of location when it comesto creativity and find your inspiration. Looking for a place that will get your juices.

! 文字的排版及整体版式都很普通

! 图像整体效果比较单一，内容不丰富

! 眼部周围细节处处理粗糙

在鸡蛋上添加深邃的眼睛是个很不错的创意，体现了该作品的意义。但在制作过程中细节处理很不到位，排版和修饰上没有多加注意，导致作品效果平淡无奇。在对眼部周围进行处理时，能够明显地看到类似素描深黑色线条，影响了海报的整体美观性和效果，需要改进加强。

MISSION!
4

创意海报的重点就是创意，要体现设计思路的别具一格，这对设计者来说是一种挑战。竖版海报版式能够提供更多的空间来润色蛋这一主要元素。本案例在鸡蛋上添加眼睛，体现密封环境下生命对外界的渴望和好奇，十分有趣、富有创意。在设计过程中通过图层样式、钢笔工具及蒙版等功能的应用，调整图像的细节，使作品效果更优。

10 %

30 %

逆袭效果

OK!

50 %

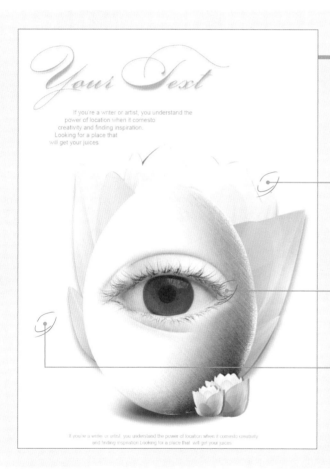

添加修饰元素，使图像内容更加丰富

80 %

添加蒙版处理眼部周围细节

100 %

使用竖版海报版式，可以添加更多的修饰元素

首先通过改变整个版式，突出主体元素——蛋，使用钢笔工具和"滤镜"命令制作阴影，效果自然。接着使用蒙版绘制眼睛及周围轮廓，应用混合模式给眼睛上色。然后添加修饰元素丰富作品内容，根据需要使用图层样式为修饰元素添加阴影。最后，添加文字并进行适当排版，放于海报合适的位置。

Point **1** 应用"去色"命令

如果希望去掉图像原本的颜色，只保留灰白黑三色，以方便后期对图像进行
加工，可对图片进行去色处理。执行"图像>调整>去色"命令，或者按下
Ctrl+Shift+U组合键可以执行该命令。

1

按下Ctrl+N组合键，打开"新建"对话框，设
置文档的宽、高及分辨率等参数，新建文档。

新建文档

2

打开"鸡蛋.psd"文件，拖入新建文档中，按
住Ctrl键单击"鸡蛋"图层的缩略图，载入鸡
蛋的选区。

载入鸡蛋选区

 Tips **选区的载入**

当需要载入存储的选区时，可以执行"选择>载入选区"命令，也可以在图像中单击鼠标右键，在弹出的快捷菜单中
选择"载入选区"命令，打开"载入选区"对话框进行设置。

3

执行"图像>调整>去色"命令，把复制的图层
变成黑白图像，再分别执行"图像>调整>亮度/
对比度"命令和"图像>调整>曲线"命令，对
图像进行调整，参照右图分别设置亮度/对比度
和曲线的相关参数。

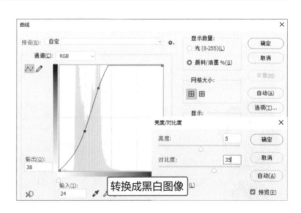

转换成黑白图像

4

这时鸡蛋的机理和明暗效果如右图所示。经过观察发现蛋的机理颗粒不太明显，整体效果的明暗层次也不够分明，立体感不强。

观察并进一步调整

5

执行"滤镜>杂色>添加杂色"命令，在打开的对话框中设置"数量"为6%。

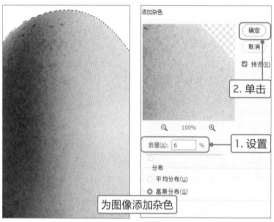

2. 单击

1. 设置

为图像添加杂色

Tips **"添加杂色"滤镜**

"添加杂色"滤镜可以为图像添加一些细小的像素颗粒，使其混合到图像里产生色散效果，常用于添加杂点纹理效果。

6

接着执行"滤镜>滤镜库>胶片颗粒"命令，在打开的对话框中设置相关参数。

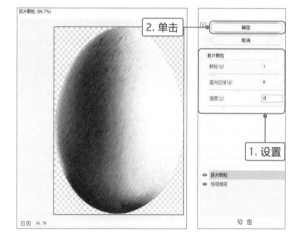

2. 单击

1. 设置

Tips **"胶片颗粒"滤镜**

"胶片颗粒"滤镜能够在为原图像添加一些杂色的同时，调亮并强调图像的局部像素。该滤镜可以产生一种类似胶片颗粒的纹理效果，使图像看起来如同早期的摄影作品。

Tips **使用"黑白"命令去掉图像色彩**

"黑白"命令可以将图像处理为灰度或者单色调图像的效果。执行"图像>调整>黑白"命令，弹出"黑白"对话框，在"预设"中可以选择想要的效果。

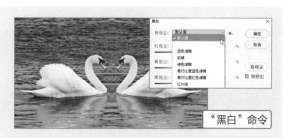

"黑白"命令

Point 2 调整图像的亮度 / 对比度

"亮度/对比度"是调整图像色调或亮度的常用图像处理工具，虽然此功能较为简单，但相当实用。执行"图像<调整<亮度/对比度"命令，会弹出"亮度/对比度"对话框，更改其对应的数值就可以快速调整图像效果。

1

执行"图像>调整>亮度/对比度"命令，打开"亮度/对比度"对话框，参照右图设置参数。

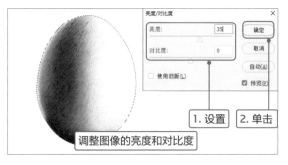

调整图像的亮度和对比度

2

此时，蛋的效果基本上已经做好，但通过观察发现亮部杂色太密，为了更加突出眼睛的效果，需要使用画笔工具再次将亮部调亮。
新建图层并命名为"高光修饰"，按B键启用画笔工具，颜色使用白色，画笔预设选择"柔边圆"，适当调整"不透明度"和"流量"值后，在高光处进行涂抹。

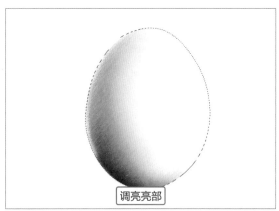

调亮亮部

3

取消蛋的选区。选中"高光修饰"及"鸡蛋"图层，按下Ctrl+T组合键，并右击选中的图层，在弹出的快捷菜单中选择"水平翻转"命令。

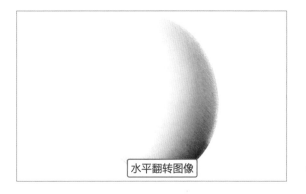

水平翻转图像

 Tips **应用"亮度/对比度"命令**

"亮度/对比度"命令主要用于调整图像的亮度和对比度，是一个简单直接的图像调整命令。使用该命令可以增加或降低图像中低色调、半色调和高色调图像区域的对比度，增亮或变暗图像的色调。"亮度/对比度"命令只能对图像进行整体调整，对单个通道不起作用。

Point **3** ## 应用图层蒙版

图层蒙版是图像处理中常用的蒙版，主要用来显示或隐藏图层的部分内容，从而精确、细腻地控制图像的显示和隐藏区域，得到所需的图像合成效果。下面将使用图层蒙版对创新思维海报中的眼睛效果进行调整。

1

将"眼睛.jpg"素材文件拖入当前文档中，调整大小并执行"图像>调整>去色"命令，将当前图层转换为黑白图像。

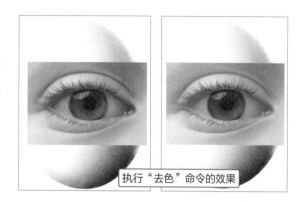

执行"去色"命令的效果

2

使用椭圆选框工具绘制一个刚好覆盖眼球的椭圆选区。新建图层并命名为"瞳孔上色"，设置前景色为紫色（＃6600cc），按下Alt+Delete组合键填充前景色。

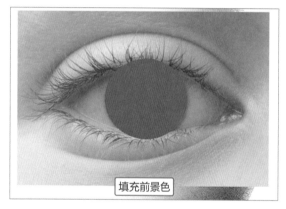

填充前景色

3

按下Ctrl+D组合键取消选区，单击"图层"面板下方的"添加图层蒙版"按钮，为"瞳孔上色"图层添加蒙版。选择画笔工具，设置画笔笔尖形状为"柔边圆"，在眼球周围涂抹，直到能够看到眼睛本身的轮廓。

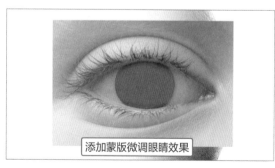

添加蒙版微调眼睛效果

^{Tips} **矢量蒙版**

矢量蒙版主要是通过钢笔工具或形状工具绘制路径创建的蒙版。使用矢量蒙版创建分辨率较低的图像，并且可以使图层内容与底层图像中间的过渡拥有光滑的形状和清晰的边缘。为图层添加矢量蒙版后，用户还可以应用图层样式来为图层蒙版内容添加图层样式，创建各种风格的按钮、调板或其他的Web设计元素。

4

更改当前图层的"混合模式"为"叠加"。然后，观察瞳孔的颜色，紫色已经较为自然地与原瞳孔色融合。

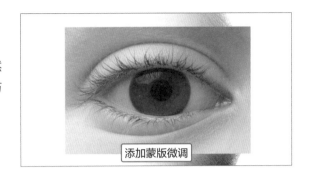

添加蒙版微调

5

为了使眼睛显得对称，接下来我们将两个眼睛进行拼合。首先复制"眼睛"图层，选中复制的图层，按下Ctrl+T组合键并右击，在弹出的快捷菜单中选择"水平翻转"命令。

"水平翻转"图像

6

为"眼睛拷贝"图层添加图层蒙版，使用画笔工具适当擦除多余像素。然后选中所有关于眼睛的图层，新建图层组并命名为"眼"。

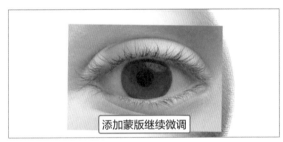

添加蒙版继续微调

7

按照同样的方式为"眼睛"图层添加图层蒙版，然后使用画笔工具擦去多余图像。

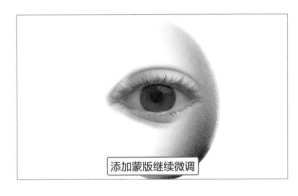

添加蒙版继续微调

 Tips **图层组**

在Photoshop中利用图层组管理图层是非常有效的管理多层文件的方法。单击"图层"面板中的"创建新组"按钮，可以创建一个空的图层组。如果想要在创建图层组时设置组的名称、颜色、混合模式、不透明度等属性，可以执行"图层>新建>组"命令，在打开的"新建组"对话框中进行设置。

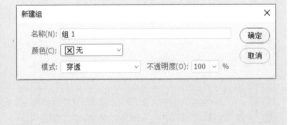

Point 4 整体效果调整

对海报的亮度、对比度、整体色调和眼睛效果进行设置后，接下来通过修饰元素的添加、图层样式的应用以及文字效果的添加等操作，调整图像的细节，使整个海报的效果更加细腻。

1

下面对蛋的整体进行润色。首先打开"调整"面板，在所有图层最上方添加"亮度/对比度"调整图层，在"属性"面板中设置相关参数，按住Alt键为"眼"图层组添加剪切蒙版。

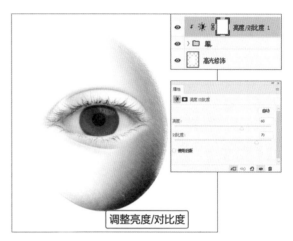
调整亮度/对比度

2

接下来，绘制蛋的投影效果。
新建图层并命名为"阴影"，置于"鸡蛋"图层下方。使用椭圆选框工具在蛋的下方绘制一个椭圆选区，设置前景色为灰色（#666666），按下Alt+Delete组合键填充前景色。

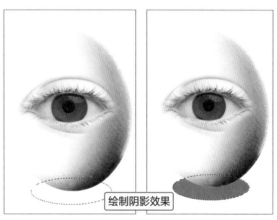
绘制阴影效果

3

按下Ctrl+D组合键取消选区，执行"滤镜>模糊>高斯模糊"命令，在打开的对话框中设置模糊"半径"为30像素。

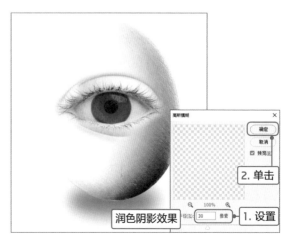
润色阴影效果

177

4

使用椭圆选框工具在鸡蛋的下方绘制右图所示的选区，按下Ctrl+Shift+I组合键反选该区域，按Delete键删除阴影的下部分内容。

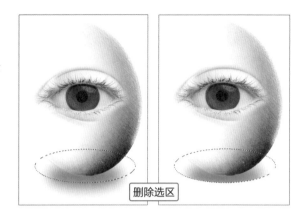

删除选区

5

对剪切后的阴影层再一次执行高斯模糊命令，设置模糊的"半径"值为6像素。

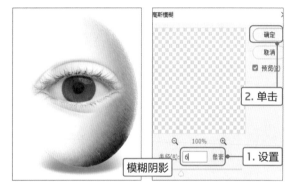

2. 单击

模糊阴影

1. 设置

6

复制"阴影"图层，按Ctrl+T组合键进行自由变换，锁定长宽比，把复制的图层缩小到原阴影的一半，并设置图层"混合模式"为"正片叠底"。

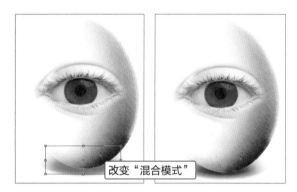

改变"混合模式"

7

打开"荷花.psd"文件，将荷花图层拖入当前文档，按下Ctrl+T组合键进行自由变换，调整荷花大小并排版。

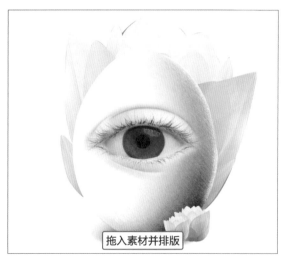

拖入素材并排版

8

为荷花各个图层添加适当的"投影"图层样式
后，查看效果。

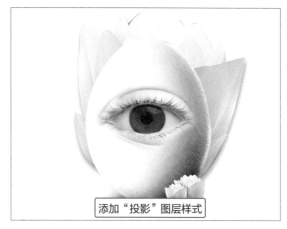

添加"投影"图层样式

9

打开"艺术英文.psd"文件，将"艺术英文"
图层拖入当前文档中进行排版，然后为该图层
添加"投影"图层样式。

加入主题文字

10

使用文字工具编辑合适的英文，在主题文字的
下部进行适当的排版，使文字部分更具层次和
美感。

完善文字效果并排版

11

最后，在作品的最下部分再次添加合适的文
字，以平衡整体效果。至此，创新思维宣传海
报制作完成。

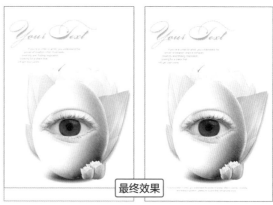

最终效果

技能点拨

颜色校正功能的应用

　　通过上面的案例，我们已经初步了解如何矫正图像偏暗或者偏亮的问题，下面将对
Photoshop颜色校正功能的应用进行详细介绍，以帮助读者更好地了解矫正功能的强大和正确的
使用方式。

1

执行"图像>调整>亮度/对比度"命令，打开
"亮度/对比度"对话框，可以对图像进行全局
调整。

2

在"亮度/对比度"对话框中，"亮度"参数用
于调整图像的亮度。数值为正时，增加图像亮
度；数值为负时，降低图像的亮度。

调整亮度的对比效果

3

在"亮度/对比度"对话框中，"对比度"参数
用于调整图像的对比度。数值为正时，增加
图像的对比度；数值为负时，降低图像的对
比度。

调整对比度的对比效果

4

在"亮度/对比度"对话框中，通过勾选"使用
旧版本"复选框，可以使用早期版本的"亮度/
对比度"命令来调整图像的效果。

勾选

5

除了"亮度/对比度"命令,"自然饱和度"命令也是使用频率较高的颜色校正工具。在Photoshop中执行"图像>调整>自然饱和度"命令,将弹出"自然饱和度"对话框。

6

拖动"自然饱和度"对话框中的"自然饱和度"滑块,可以使Photoshop调整那些与已饱和颜色相比不饱和颜色的饱和度,以获得更加柔和、自然的图像效果。

调整"自然饱和度"数值

7

拖动"饱和度"的滑块,可以使Photoshop调整图像中所有颜色的饱和度,使所有颜色获得等量的饱和度调整,因此使用此滑块可能导致图像的局部颜色过饱和的现象。

调整"饱和度"数值

8

Photoshop的"阴影/高光"命令是专门用于处理在摄影中由于用光不当,使拍摄出的照片局部过于亮或过于暗的工具。执行"图像>调整>阴影/高光"命令,将弹出"阴影/高光"对话框。

9

"隐影/高光"命令主要通过调整"阴影"及"高光"两个滑块来改变图像的颜色。右图是"高光"同为30%时,"阴影"为0及50时的对比效果。

对比效果

图像处理
的应用

为黑白相片添加艺术效果

好莱坞影视节即将到来，作为传媒界工作者的历历哥想通过为一位曾经代表影视界巅峰辉煌的女星制作一张艺术相片来纪念这个特殊的日子。但是苦于只能依稀找到几张该影星的黑白照片，无法达到想要的要求。于是，他找来小蔡一起想想办法，通过技术手段为该影星的黑白照片增添光鲜色彩。

NG! 菜鸟效果

!背景简单，未能衬托出作品中的人物

!忽视服装的颜色

!文字排版较普通

首先，这幅艺术照片人物五官的上色还是值得褒奖的，但小蔡在处理时忽略了人物着装的色彩及背景修饰对一幅艺术照的重要性。此外，文案修饰的部分，排版比较普通，没有让人眼前一亮的感觉，这些方面还需要改进和优化。

MISSION!
5

艺术照片是通过艺术手段对普通照片进行处理，使其表现出画面感强烈的视觉效果，作品应充分展示出设计者的主观意愿和寄托。本案例用复古梅花作为背景来衬托著名影星，用以体现该明星的优雅、清丽。此外，富有创意的排版效果，在有些怀旧的作品中融入现代元素，以新怀旧。最后，灵活运用滤镜、图层样式等工具，处理画面的细节部分，融合各元素，使作品整体感更协调。

10%

30%

逆袭效果

OK!

50%

添加背景修饰元素，丰富画面效果

80%

头发的颜色与服饰相呼应，效果和谐

100%

文字排版更有创意

艺术效添加复古梅花背景修饰人物形象，以物寄情，暗指人物的优雅高尚。藏青色的服饰搭配深蓝色的发色，清新脱俗。使用滤镜和选择功能处理色彩的填充效果比较自然。最后，文案修饰部分，排版体现现代的创意，让人眼前一亮，用现代致敬历史，不仅体现出对老辈影视界大咖的尊敬，又表现出还看今朝的勇气。

1 使用通道抠图

通道的功能十分强大，善用通道可以快速而准确的扣出想要的图像部分。需要注意的是，为了不让原始图像遭到破坏，通常会复制一个通道再进行操作，下面通过抠取人物皮肤部分的操作，介绍通道的使用技巧。

1

首先，打开"黑白相片.psd"素材文件，复制"背景"图层后命名为"皮肤"。选中"皮肤"图层，打开"通道"面板，复制"红"通道，然后命名为"皮肤"。

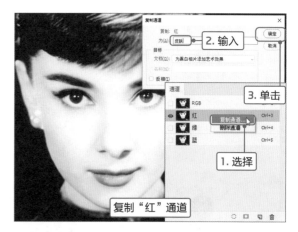

2

选择"皮肤"通道，按下Ctrl+L组合键，打开"色阶"对话框，调整色阶，直到整个图像白色部分更白，黑色部分更黑。在"输入色阶"选项区域的数值框中键入数值，从左到右依次为78、0.53、198，然后单击"确定"按钮。

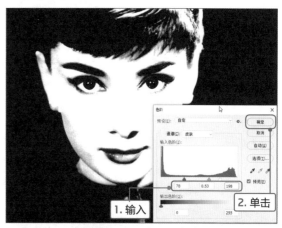

3

按下B键启用画笔工具，使用白色将皮肤所在部分涂白，使用黑色将除皮肤之外的部分涂黑，使皮肤与其他图像黑白分明。

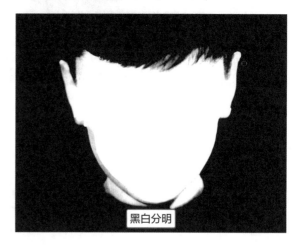

4

单击"通道"面板下方的"将通道作为选区载入"按钮,可以看到"皮肤"通道的白色部分被选中。

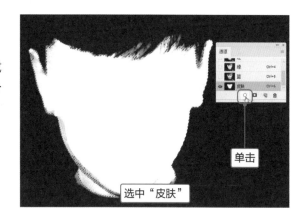

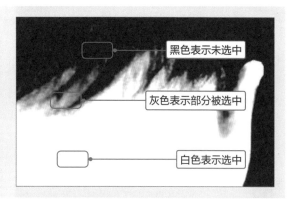

Tips **通道的原理**

通常所说的通道指的是Alpha通道,用于选区的存储、编辑与调用,可用256级灰度来记录图像中的透明度信息,其中黑色处于未选中状态,白色处于完全选中状态,灰色则表示部分被选择状态,即羽化区域。

5

切换到"图层"面板,可以看到"皮肤"图层此时为红色,处于蒙版状态。单击"皮肤"图层后,可以看到图像的皮肤部分被选区选中。

6

打开"路径"面板,单击"从选区生成工作路径"按钮,将选区转换成路径,然后双击"工作路径",在打开的"存储路径"对话框中将其命名并存储为"皮肤"。

7

接下来对生成的路径进行细节修改，首先按下P快捷键启用钢笔工具，按住Ctrl键选中路径，根据需求删除多余的锚点，同时优化锚点的平滑点弧度，然后查看优化前后对比效果。

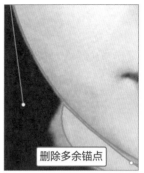

将选区转为路径　　删除多余锚点

8

单击"路径"面板下方的"将路径作为选区载入"按钮，载入选区。执行"选择>修改>羽化"命令，在弹出的"羽化选区"对话框中设置"羽化半径"为4像素，单击"确定"按钮。

羽化选区

9

执行"图像>调整>色相/饱和度"命令，在打开的对话框中勾选"着色"复选框，调整"色相"的值为+40、"饱和度"的值为+50、"明度"的值为0，单击"确定"按钮，初步为皮肤添加色彩。

勾选

调整"饱和度"

10

按下Ctrl+D组合键取消选区，这时发现模特的脸部颜色稍淡，调整一下会更完美，即选择"图像>调整>曲线"命令，在打开的对话框中调整曲线到右图所示的形状。

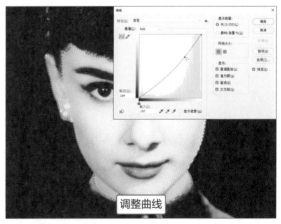

调整曲线

Point 2 使用快速蒙版勾画细节

在快速蒙版模式下，可以将选区作为蒙版进行编辑，并且可以使用几乎全部的绘画工具或滤镜对蒙版进行编辑。当在快速蒙版模式中工作时，"通道"面板中会出现一个临时的快速蒙版通道，但是所有的蒙版编辑都是在图像窗口中完成的，下面进行详细操作。

1

选择椭圆选框工具，在选项栏中设置羽化为0像素、样式为正常，按住Shift+Alt组合键绘制正圆选区，选区和人物右眼差不多大。

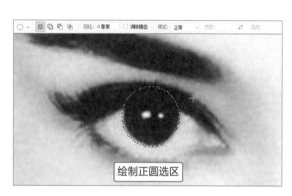

2

单击工具箱中"以快速蒙版模式编辑"按钮，进入蒙版编辑状态。

3

按下B快捷键启用画笔工具，为画笔设置合适的"大小"，将"硬度"设置为100%，将人物上眼皮部分涂上红色，微调眼睛的边缘。用同样的方法绘制另外一只眼睛。

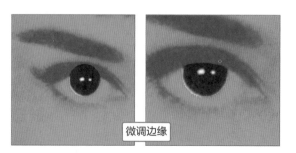

Tips 快速蒙版的基本原理

在快速蒙版模式下使用画笔工具绘制的区域将以红色显示出来，表示未被选中的区域，非红色区域表示选中的区域。除了单击工具箱中的"以快速蒙版模式编辑"按钮外，也可以按下Q快捷键启用快速蒙版。

4

单击工具箱中"以标准模式编辑"按钮，返回
选区模式，执行"选择>羽化"命令，在打开
的对话框中设置羽化半径为2像素。

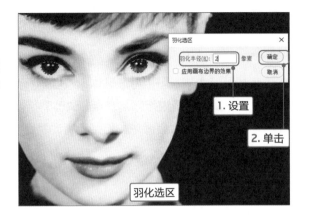

5

新建图层并命名为"眼睛"，为眼睛填充喜欢的
颜色，此处填充绿色，然后按Ctrl+D组合键取
消选区。

6

选择"眼睛"图层，更改其"混合模式"为
"颜色"。

7

观察眼睛的效果，发现并没有神采灵动。双击
"眼睛"图层，在弹出的"图层样式"对话框中
勾选"内阴影"复选框，颜色设为接近黑色的
深绿色，色值为#003300。

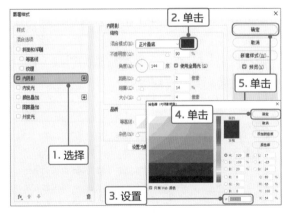

8

添加"内阴影"图层样式后眼睛深邃明亮，更加美丽生动。

眼部效果

9

按P键启动钢笔工具，沿着人物的嘴唇绘制路径。

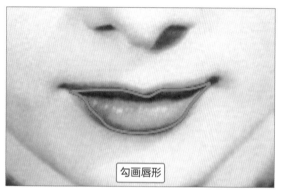

勾画唇形

10

打开"路径"面板，并单击"将路径作为选区载入"按钮，把路径转化为选区。在工具箱中单击"以快速蒙版模式编辑"按钮，修改选区，将人物嘴唇画厚点，因为接下来要化适合的浓妆。

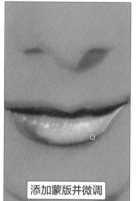

载入选区　　　添加蒙版并微调

11

单击工具箱中"以标准模式编辑"按钮，执行"选择>羽化"命令，在打开的对话框中设置羽化半径为2像素。在"眼睛"图层上方新建图层命名为"嘴唇"，为选区填充粉红色，色值为#ff9999，更改图层混合模式为"叠加"。

填充红色并修改"混合模式"

Point 3 使用钢笔工具绘制路径

钢笔工具除了可以绘制形状及选区外，还可以绘制矢量路径。通过添加锚点，配合转换角工具，能够绘制出圆润或有棱角的曲线。在"路径"面板中，可以将绘制的路径保存，以备后期使用。下面进行详细操作。

1

复制"皮肤"图层并命名为"头发"。使用钢笔工具沿着人物头发的边缘绘制路径，然后将路径转换为选区，按下Ctrl+Shift+I组合键反选图像，按下Delete键删除多余图像，即可抠取人物头发部分的图像。

抠出头发部分

2

使用钢笔工具沿人物衣服的轮廓绘制路径。打开"通道"面板，同时选中"衣服""皮肤"和"头发"路径，然后载入路径。再次按下Ctrl+Shift+I组合键反选图像，按下Delete键删除多余图像。

将路径作为选区载入

3

打开"背景.psd"素材文件，将背景及背景修饰元素"梅花"拖入当前文档中。按下Ctrl+T组合键，调整大小和位置。

添加背景

4

下面为头发上色，这里选择深蓝色。
新建图层并命名为"头发"，载入头发路径，填充蓝色（#1c466b）。然后复制"头发"路径并调整路径到右图所示的形状，接着使用深蓝色（#19354d）再次填充。

为头发上色

5

调整"头发"的"混合模式"为"叠加"。此时观察图像，发现头发高光及阴部分的颜色还需要加强，使头发整体较为自然。
隐藏"头发"图层，新建"头发高光"图层。执行"选择>色彩范围"命令，选择头发的高光部分，填充白色，设置图层的混合模式为"实色混合"。

调整头发部分的"混合模式"

6

新建图层并命名为"头发阴影"，执行"选择>色彩范围"命令，选择头发的阴影暗光部分，填充旧蓝色（#183f67），设置图层的混合模式为"柔光"。

为头发阴影部分上色

7

至此，头发的上色基本完成，可以使用画笔工具在边缘上对细节进行调整，人物头发部分处理完成，查看效果。

使用画笔工具微调

10%

30%

50%

80%

100%

Point 4 使用"色彩范围"抽出选区

"色彩范围"命令功能强大，能够通过抓取图像中的颜色生成选区，是设计者进行选区精确绘制、添加创意的常用工具。执行"选择>色彩范围"命令，则会弹出"色彩范围"对话框，根据需要调整相关参数以达到想要的效果。

1

下面为明星的衣服上色，这里可以使用"色彩范围"命令达到上色均匀自然的效果。首先新建图层并命名为"衣服"。

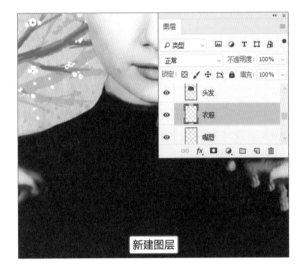

新建图层

2

执行"选择>色彩范围"命令，在打开的对话框中分别选择衣服上稍浅的黑色部分和稍深的黑色部分，单击"确定"按钮。

选择稍浅黑色

选择稍深黑色

3

使用快速选择工具，减去多余的选区，为选区分别填充两次蓝色（# 3d8def），然后使用画笔工具稍微修饰。

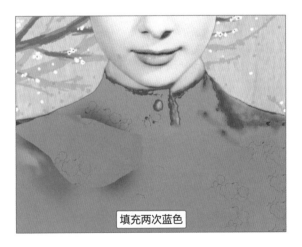

填充两次蓝色

4

调整"衣服"图层的"混合模式"为"颜色减淡"、"不透明度"为25%。

更改"混合模式"

5

打开"梅花衣服修饰.psd"文件，添加梅花修饰元素，并为图层设置合适的"混合模式"。

添加修饰元素

6

观察作品效果，衣服底部的颜色较亮，接下来为其添加一个过渡的阴影效果。首先新建图层并名为"底部"，置于所有梅花图层的最底部。选择画笔工具，设置笔尖形状为"柔边圆"、颜色为黑色，绘制一个过渡阴影，然后调整图层的"不透明度"为80%。

制作过渡阴影

7

最后为整个作品添加修饰文字并进行排版，以完善视觉效果。至此，为黑白相片添加艺术效果的作品制作完成。

添加文字并查看效果

10
%

30
%

50
%

80
%

100
%

技能点拨

使用图像修复工具美化图像

　　本节主要学习了为图像自然上色的方法，其实，在进行图像处理的过程中，还会用到对图像进行修复美化的工具。在工具箱中可以快速启用污点修复工具、修复画笔工具等，对图像中有瑕疵的部分进行修改，下面进行详细介绍。

1

在工具箱中右击"污点修复画笔工具"功能组，则会弹出右图所示的选项栏。

"修复画笔工具"组

2

选择污点修复工具![icon]，在图中老人皱纹处单击，可以明显看到皱纹被周围较为平坦的皮肤取代。所以污点修复工具可以很好地修复一个区域内的小量瑕疵。

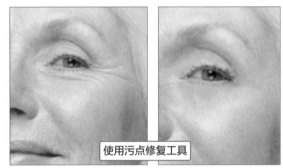

使用污点修复工具

3

选择修复画笔工具![icon]，将光标移动到想要复制的图像区域，按住Alt键，当光标出现右图所示的图标时单击，移动光标到想要修复的区域单击，可以看到当前区域的图像被复制的图像覆盖。

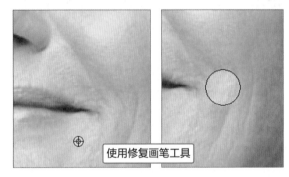

使用修复画笔工具

4

修补工具与修复画笔工具修复原理类似，但操作相反。按住鼠标绘制想要被修复图像的区域，拖动该选区到想要被覆盖的图像区域，松开鼠标即可。

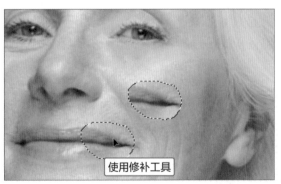

使用修补工具

5

内容感知移动工具可以对较复杂背景中的人或物进行移动。选中要移动的人或物，向左拖动，效果如右图所示。

使用内容感知移动工具

6

此时可以看到人及物完全移动到左边，原图像所在的位置被背景替代。

原图被背景图像代替

7

使用红眼工具可以移去使用闪光灯拍摄照片中的红眼现象。选择红眼工具后，将右图中蛙的红色眼睛部分使用选区选出。

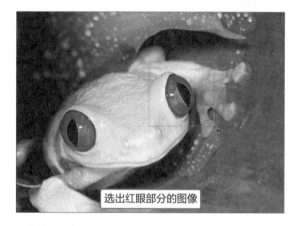

选出红眼部分的图像

8

释放鼠标左键后，可以发现眼睛的红色部分已经被自动调整为黑色。红眼工具的作用是恢复因拍照光线不充足造成的红眼现象，案例中为了示范，选择了眼红较为明显的红眼蛙。

修正红色眼睛

菜鸟加油站
图像处理的其他高效工具

1. 执行"修改"命令调整选区

执行"选择>修改"命令，可以看到其中包括了"边界""平滑""扩展""收缩"和"羽化"等命令，活用这些命令能够在调整选区范围的基础上添加创意。

步骤01 打开"辣椒.psd"文件，在工具箱中选择快速选择工具 ，在下左图所示的区域涂抹。

步骤02 执行"选区>修改>边界"命令，会弹出右下图所示的对话框，设置"宽度"为13像素，可以看到选区边缘出现了宽度为13像素的缝隙。此时按下Delete键，可清除缝隙中的选区。

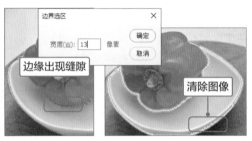

步骤03 按照同样的方法，执行"选区>修改>平滑选区"命令，在弹出的对话框中设置"取样半径"为30像素，可以看到下左图显示的调整后的选区明显平滑了。

步骤04 同样的，执行"选区>修改>扩展"和"收缩"命令，在打开的对话框中分别键入20像素后，对比效果如下右图所示。

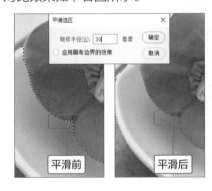

2. 图像的自动调节功能

在Photoshop中有很多能够快速调整图像整体颜色的工具，但是只能从图像整体进行调整，有时候达不到设计的要求，但作为快速高效的工具，自动调节命令依然是比较常用的工具。

步骤01 打开"甜甜圈.psd"文件，执行"图像>自动色调"命令，图像调整后的对比效果如下左图所示。

步骤02 按照同样的方法，执行"图像>自动对比度"和"自动颜色"命令，图像调整后的对比效果如下右图所示。

原图

自动色调

自动对比度

自动颜色

3. 图像的裁剪

在处理图像时，经常会对图像执行裁剪操作。裁剪除了常见的平面裁剪还有透视裁剪，下面通过简单操作来解释。

步骤01 打开"叫花鸡.psd"素材文件，在工具箱中选择裁剪工具 ，对图像边缘处的白色背景进行裁剪，可以使图像效果更加饱满，对比效果如下图所示。

步骤02 在工具箱中选择透视裁剪工具 ，然后绘制裁剪线条，使下部图像拉伸。进行视觉上改动的图像，其内容更加吸睛，对比效果如下图所示。

步骤03 裁剪工具组中还包括切片工具及切片选择工具。这两种裁剪工具适用于对制作好的网页图像进行自动编号和分割裁剪的工作。可以将文件保存为Web格式。

读书笔记

图层的综合应用

图层功能是Photoshop对图像处理中的一次伟大变革，它颠覆了传统的一层式制作模式，将各种设计元素或图像信息置于一层层的图层之上，能够帮助用户制作炫酷多彩的图像，配合其他图像修饰工具，能够使画面表现出真实惊艳的效果。本部分将详细讲解和图层相关的功能和命令的应用，如混合图层、图层样式等，利用这些功能的综合运用来制作令人惊艳的图像效果。

 制作红色革命海报 → P.200

 制作民族风蝴蝶炫彩海报 → P.212

 制作创意PS合成Banner → P.228

Mission

图层的
综合应用

制作红色革命海报

八一建军节在即，为歌颂老一红军吃苦耐劳、不怕艰难的可贵精神，历历哥准备在公司举办一个追忆红色经典的艺术展，他找到小蔡说明想法，让他制作一张带有红色革命色彩的海报。小蔡认真思考后，希望能够做出一个充满怀旧色彩的艺术展海报，在特殊的日子，让同事感受革命的气息和红色精神。为此，小蔡搜寻很多抗战经典照片作为素材，海报制作工作有条不紊的进行中。

NG! 菜鸟效果

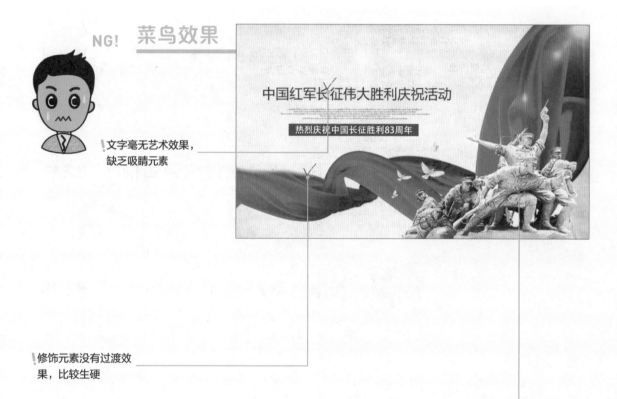

文字毫无艺术效果，缺乏吸睛元素

修饰元素没有过渡效果，比较生硬

画面中最为重要的元素缺少特效

虽然在作品设计时，小蔡选择红黄作为主要色调体现胜利的喜庆氛围，但文字效果平淡，没有聚焦的因素，且文字的排版较为松散，与画面关联性差，反而显得突兀。作为整个作品最重要的主题元素"义勇军"，显得小而表现力不足，并且没有给"义勇军"添加任何能够吸引眼球的特效。

MISSION!

1

在制作红色革命海报时，首先要表现出庆祝的氛围，这里需要注意添加的修饰元素应丰富并贴合主题，竖版画面可以拉伸视觉线的长度，更适合突出红色经典的抗战英雄。本案例中多用红旗、义勇军等具有革命色彩的元素对整个画面进行润色。除此之外，剪贴蒙版、图层蒙版、混合模式、图层样式的综合运用，让整个作品展现出大气磅礴的效果。

10%

50%

100%

逆袭效果　OK!

竖版排版的海报背景更丰富，更能表现出革命色彩氛围

为主题元素添加修饰元素，突出义勇军的坚毅刚强

添加文字的修饰元素，使文字效果更加紧凑

应用"混合模式"对"红旗""井冈山"等修饰元素进行修饰，使其与背景融合自然的同时，丰富图像内容；其次，使用图层样式及剪贴蒙版对文字效果进行修饰，进一步润色图像效果；最后，为"白鸽"添加"投影"图层样式，使白鸽具有立体效果。

Point 1 使用图层蒙版

图层蒙版能够在不损害原图像的情况下修改图像内容。蒙版模式下的画笔只有黑白两种颜色，白色显示原图像内容，黑色隐藏原图像内容，画笔笔尖效果可以通过"画笔"面板进行设置，以达到想要的绘画效果。

1

打开Photoshop CC软件，按下Ctrl+N组合键新建文档并命名为"红色革命海报"，设置文档"宽度"为1500像素、"高度"为2500像素、"分辨率"为"72"像素/英寸、"颜色模式"为RGB 8位、"背景内容"为"白色"。

新建文档

2

打开"背景.psd"文档，将"背景"图层直接拖曳到当前文档中，按下Ctrl+T组合键，使用"自由变换"命令调整图像大小，使其贴合画布的大小。

加入背景

3

下面为背景添加修饰元素。打开"山河背景.psd"文档，将"山河背景"图层拖曳到当前文档中，按下Ctrl+T组合键，使用"自由变换"命令调整图像大小，使山河位于整个图像的底层。

加入背景修饰

Tips **关于图层功能**

图层是Photoshop的核心功能之一，在Photoshop中，一个完整的图像通常是由若干个图层通过叠加的形式组合在一起，图层作为图像的载体，主要用来装载各种各样的图像。"图层"面板中的图层就如同堆叠在一起的透明纸，用户可以透过某个图层的透明区域看到下面的图层，但是无论在上一层上如何涂画都不会影响到下面的透明纸，上面一层会遮挡住下面的图像。最后将透明纸叠加起来，通过移动各层透明纸的相对位置或者添加更多的透明纸，即可改变最后的合成效果。

4

单击"图层"面板中的"添加图层蒙版"按钮，为当前图层添加图层蒙版。单击图层蒙版缩览图，可以看到此时前景色变为白色，背景色变为黑色。使用矩形选框工具选出右图所示的选区，按下Ctlr+Delete组合键填充背景色。

图层蒙版调整图层

5

按下快捷键B，启用画笔工具，设置画笔笔尖形状为"柔边圆"、"不透明度"为30%。将前景色切换为黑色，使用画笔工具在山河边缘处涂抹，使边缘过渡得更加柔和。

柔化边缘

6

调整图层的"不透明度"为35%后，查看效果。打开"义勇军.psd"文档并拖曳到当前文档中，按下Ctrl+T组合键，使用"自由变换"命令调整图像的大小及位置。

降低山水透明度

调整素材的大小及位置

7

选中"义勇军"图层，单击"图层"面板底部的"添加图层蒙版"按钮添加蒙版。单击图层蒙版缩览图，按下快捷键B启用画笔工具，设置画笔笔尖形状为"柔边圆"、"不透明度"为35%，设置画笔颜色为黑色，在以义勇军图像的下半部分涂抹，使图像的边缘更加柔和。

Tips **图层蒙版**

图层蒙版是所有蒙版中最为重要的一种，也是实际工作中使用频率较高的工具之一，它可以用来隐藏、合成图像等。另外，在创建调整图层、填充图层以及为智能对象添加智能滤镜时，Photoshop会自动为图层添加一个图层蒙版，我们可以在图层蒙版中对调色范围、填充范围及滤镜应用区域进行调整。

文字描边

Point 2 使用混合模式

下面又要用到出场频率超高的"混合模式"功能了。在"图层"面板中，混合模式是重要的图层润色工具。使用恰当的混合模式，往往能使图像产生惊艳的特效。下面通过实际操作进行讲解。

1

打开"云雾.psd"文档，将"云雾"图层拖曳到当前文档，调整混合模式为"滤色"。

添加云雾

2

打开"背景文字.psd"文档，将"背景文字"图层拖曳到当前文档，调整混合模式为"滤色"，将"不透明度"值改为50%。

更改文字图层的混合模式

3

打开"背景修饰.psd"文档，将"背景修饰"图层拖曳到当前文档，改其"混合模式"为"正片叠底"，可以看到背景修饰已经很好地和背景融合。

更改背景图层的混合模式

 Tips　图层混合模式

使用图层混合模式可以使该图层按照指定的混合模式同下层图层图像进行混合，从而创建出各种特殊效果。在"图层"面板的"混合模式"下拉列表中，Photoshop提供了"正常"、"溶解"、"变暗"、"正片叠底"、"颜色加深"、"线性加深"以及"强光"等20多种混合模式以供用户选择。在本节中，主要对"正常"、"变暗"、"变亮"、"叠加"、"差值"和"色相"6种模式进行效果展示。

4

单击"图层"面板底部的"添加图层蒙版"按钮，单击图层蒙版缩览图，按下快捷键B启用画笔工具，设置画笔笔尖形状为"柔边圆"，使用黑色在适当的位置涂抹，然后查看效果。

添加图层蒙版

10%

50%

5

打开"红旗修饰.psd"文档，将"红旗修饰"图层拖曳到当前文档中，按下Ctrl+T组合键，使用"自由变换"命令调整图像的大小及位置。

调整图像大小及位置

100%

6

更改该图层的"混合模式"为"亮光"，并调整"不透明度"为50%。

调整图层

7

打开"爆炸.psd"文档，将"爆炸"图层拖入当前文档中。调整该图层的"混合模式"为"滤色"，然后查看效果。

添加爆炸修饰

Tips　**图层样式**

图层样式也称"图层效果"，可以为图层中的图像添加投影、发光、浮雕、光泽、描边等效果，以创建出诸如金属、玻璃、水晶以及具有立体感的特效。打开"图层样式"对话框的方法主要有以下3种。

方法1：在"图层"面板中双击需要添加样式的图层缩略图；
方法2：在"图层"面板下单击"添加图层样式"按钮，在弹出的列表中选择一种样式；
方法3：在菜单栏中执行"图层>图层样式"命令。

8

打开"井冈山旗帜.psd"文档，将"井冈山旗帜"图层拖入当前文档中，按下Ctrl+T组合键调整图像大小及方向。

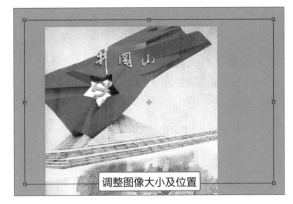

调整图像大小及位置

9

调整该图层的"混合模式"为"叠加"。此时，可以看到旗帜与背景相融，但是存在一些破坏美感的图像。

Tips "叠加"模式

"叠加"模式用于对颜色进行过滤并提亮上层图像，具体取决于底层颜色，同时保留底层图像的明暗对比度。

更改"混合模式"

10

单击"图层"面板底部的"添加图层蒙版"按钮，为当前图层添加图层蒙版。按下快捷键B启用画笔工具，设置画笔笔尖形状为"柔边圆"，在合适的位置进行涂抹，将不和谐的部分涂抹掉，然后查看效果。

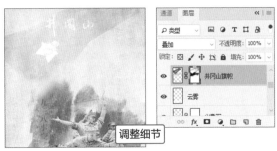

调整细节

11

打开"红绸.psd"文档，将"红绸"图层拖曳到当前文档中，至于"背景"图层之上。更改其"混合模式"为"线性光"，按照同样的方式为该图层添加图层蒙版，并对细节进行处理。

添加红绸修饰

Point 3 使用图层样式

Photoshop的图层样式中包含多种能够产生不同特效的各具特色的选项，"正片叠底""柔光""叠加""斜面浮雕""投影"等都是较为常用的图层样式。通过调整相关参数可以控制图层样式的效果强度。下面通过实际操作进行讲解。

1

打开"鸽子.psd"文档，将"鸽子"图层拖曳到当前文档中，置于"井冈山旗帜"图层之上。

添加"鸽子"素材

Tips 调整图层顺序

调整图层的顺序包括前移一层、后移一层、置为顶层和置为底层。打开图像文档，选择需要调整的图层并向上或向下拖动，当突出显示的线条出现在要放置图层或组的位置时，释放鼠标即可。用户也可以按下Ctrl+[或Ctrl+]组合键，快速向上前移一层或向下后移一层。

2

按下Ctrl+T组合键，调用"自由变换"命令，适当调整图像大小及位置。

调整图像大小、位置

3

双击"鸽子"图层，在打开的"图层样式"对话框中，勾选"投影"复选框，具体参数及最终效果如右图所示。

Tips 快速切换当前图层

选择一个图层以后，按下Alt+]组合键，可以将当前图层切换为与之相邻的上一个图层；按下Alt+[组合键，则可将当前图层切换为与之相邻的下一个图层。

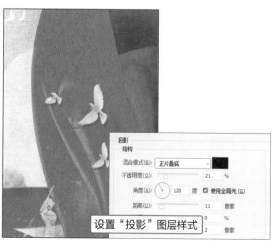

设置"投影"图层样式

207

Point4 使用剪贴蒙版

剪贴蒙版是一种实用高效的图像润色工具，合理灵活地使用，能够使平淡无奇的图像呈现出出彩的别样效果。其原理较简单来说，就是将上层图层的颜色、纹理等贴到下层图层上，下层图层是什么形状，上层图层就是什么样子。下面通过实操讲解。

1

选择适合的字体，在图像中合适的位置添加文字，然后按下Ctrl+T组合键调用自由变换命令，通过排版，让文字和图像效果更加和谐。

2

打开"金色文字修饰.psd"文档，将"金色文字修饰"图层拖曳到当前文档，置于文字图层之上，按住Alt键为文字图层添加剪贴蒙版，使文字镀上金色。选择矩形工具，添加矩形外框，设置填充颜色的色值为#993333。

3

为"文字"图层添加默认的"内阴影"图层样式。打开"光线修饰.psd"文档，将"光线修饰"图层拖曳到当前文档中，更改图层混合模式为"滤色"，放置在图像的左上角，作为光线修饰。

使用渐变工具调整图像

渐变系列工具是在图像的绘制与特效图像制作时经常用到的，它也可以为绘制的作品添加基本的背景色彩明暗、模拟图像立体效果等。下面通过实际操作的讲解，来理解渐变工具的工作原理，相信炫酷多彩的设计将手到擒来。

1

创建实色渐变。
虽然Photoshop自带的渐变方式足够丰富，但在某些情况下，还是需要自定义新的渐变以配合图像的整体效果。右图是"渐变编辑器"对话框。

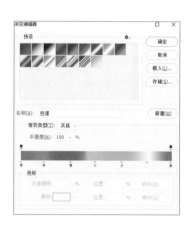

2

选择渐变工具，单击选项栏的渐变色条，将打开"渐变编辑器"对话框。单击"预设"区域中的任意渐变，即可基于该渐变样式来创建新的渐变。

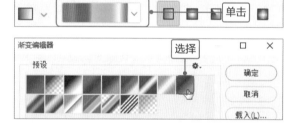

3

在"渐变类型"下拉列表中，更改当前选择的"实底"渐变的参数。
首先更改渐变条的颜色。单击渐变色条起点处的颜色色标将其选中，然后单击下方的"颜色"色块，则会弹出"拾色器"对话框，进行颜色的更改。

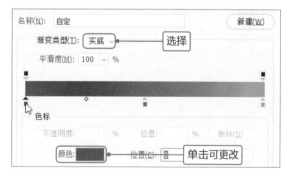

4

在"拾色器"对话框中改变颜色为色值#30c4c6，单击"确定"按钮，可以看到渐变条的颜色发生了改变。

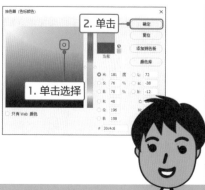

5

按住鼠标左键，在画布中从上端垂直拖到下端，然后松开，查看设置后的渐变效果。

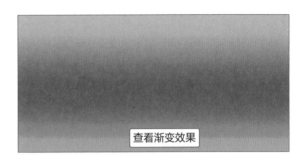

查看渐变效果

6

调整色标的位置，可以控制渐变效果中不同颜色所占比例。如拖动色标到当前位置，可以看到湖蓝色在颜色条中的占比变大，绿色占比变小。

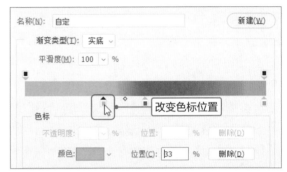

7

按住鼠标左键，在画布中从上端垂直拖到下端，然后松开，查看色标位置变动的渐变与原始渐变的对比效果。

改变前

改变后

Tips　渐变工具的应用

使用渐变工具可以在图像中创建两种或两种以上颜色间逐渐过渡的效果，实现从一种颜色到另一种颜色的变化，或由浅到深、由深到浅的变化。用户可以根据需要在"渐变编辑器"对话框中设置渐变颜色，也可以选择将系统自带的预设渐变应用于图像中。

选择工具箱中的渐变工具，在属性栏中单击渐变色条旁的下拉按钮，在弹出的拾色器中可以看到默认情况下的16款渐变样式。

8

下面是创建透明渐变的操作步骤。

首先按照上面的介绍创建实色渐变的方法创建渐变。在渐变色条需要产生透明效果的位置上方单击，可以添加一个不透明度色块。

单击添加不透明色块

9

选中不透明色块，在"色标"区域将"不透明度"值设置为50%，可以明显看到蓝色到绿色的过渡呈现出透明效果。

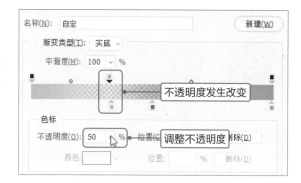

10

如果需要在渐变条的出处位置产生透明效果，可以在渐变条上方多次单击，即可添加多个不透明色标。

如果需要控制由两个不透明色标所定义的透明效果间的过渡效果，可以拖动两个不透明色块中间的菱形滑块。

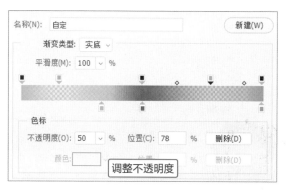

11

打开一张黑白风景照，按住鼠标左键，从画面的上端垂直拖到下端，然后松开，可以看到一个透明的渐变效果。

加上透明渐变效果

Tips　填充渐变颜色

在填充渐变颜色时，按住Shift键拖动鼠标，可以创建水平、垂直或以45°角为增量的渐变。

　重命名与删除渐变

在渐变列表中选择一个渐变样式，单击鼠标右键，在弹出的快捷菜单中选择"重命名渐变"或"删除渐变"命令，对渐变执行重命名或删除操作。

图层的
综合应用

制作民族风蝴蝶炫彩海报

历历哥在公司举行了蝴蝶谷一日游的团建活动。观赏完美丽的蝴蝶，历历哥准备让公司员工都通过一件作品来表达团建活动的感想。小蔡准备通过制作艺术图片来展现心中蝴蝶的美。根据心中所想，小蔡经过一番材料搜集，准备以绚丽多彩的蝴蝶翅膀表现出艺术效果。一时间，小蔡全身心投入创作中。

NG! ## 菜鸟效果

!图像效果杂乱，视
觉效果比较差

!修饰过渡效果差，
不够自然

!修饰元素单一，整
个作品没有吸睛点

小蔡想要将蝴蝶元素与人物结合，制作具有民族特色的作品，这个想法非常好，但是制作的作品各元素在排列和构图上比较杂乱，看上去效果一般，图像与图像之间的衔接很生硬。

MISSION!
2

我们的民族文化源远流长，在通过作品展现出艺术效果时，要尽可能地表现出少数民族服装穿着的特色。如在本案例中，可以通过蝴蝶元素展现出苗族颜色鲜艳的服饰效果。采用画笔工具、图层蒙版、混合模式和自由变换等功能，对图像进行润色和刻画，使作品呈现出惊艳的效果。

10%

50%

100%

逆袭效果 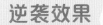 OK!

图像结构层次清晰，构图富有创意，视觉效果较好

添加背景纹理及阴影效果，使整个图像更加生动

在背景中添加渐变效果，丰富画面效果

改进后的图像，在构图和修饰元素上都有了较大的改善，图层蒙版和图层混合模式相互作用，使图像的过渡自然、简洁。图层样式中渐变效果的应用，在丰富背景的同时，让整个作品有了一种神秘感。

213

Point 1 使用图层蒙版调整轮廓

图层蒙版能够在不损害原图像的情况下修改图像内容。蒙版模式下的画笔，只有黑白两种颜色，白色显示原图像内容，黑色隐藏原图像内容。下面将利用图层蒙版对图像中人物的面部轮廓进行调整。

新建名称为"制作民族风蝴蝶炫彩海报.psd"的文档，设置"颜色模式"为RGB颜色，设置背景颜色为黑色，然后单击"确定"按钮。

> **Tips 停用图层蒙版**
>
> 方法1：执行"图层>图层蒙版>停用"命令；
> 方法2：在图层蒙板缩略图上单击鼠标右键，然后在弹出的快捷菜单中选择"停用图层蒙版"命令；
> 方法3：选择图层蒙版，然后在"属性"面板下单击"停用蒙版"按钮。

2

打开"女模特.psd"文件，将"女模特"图层拖进蝴蝶炫彩海报文档中，置于"背景"图层上端。按下Ctrl+T组合键，调整人物脸部至合适大小。

载入素材文件

3

按下Ctrl+U组合键，打开"色相/饱和度"对话框，不勾选"着色"复选框，调整"饱和度"的数值为+47、"明度"的数值为-3。单击"确定"按钮，可以看到调整后的图像光鲜亮丽了许多。

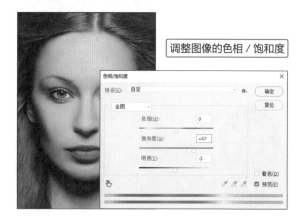
调整图像的色相/饱和度

4

选中"女模特"图层，然后单击"图层"面板底部的"添加图层蒙版"按钮，为该图层添加图层蒙版，以供后面图像的修改使用。

单击

5

按下快捷键B，启用画笔工具。单击图层蒙版缩览图，此时可以看到前景色和背景色变成了黑白色。当使用黑色画笔涂抹图像时，图像便会隐藏；使用白色画笔涂抹图像时，图像便会显现出来。

图层蒙版缩览图

6

使用黑色画笔涂抹脸部周围的图像，使头发、颈部和耳部隐去。

黑色画笔涂抹脸部周围

7

在画笔预设管理器中调整画笔笔尖形状为"柔边圆"，调整画笔大小为"70像素"，在脸颊边缘仔细调整，使其有棱有角。

调整脸部轮廓

Point **2** 使用混合模式调整图像

使用Photoshop进行图像的实际操作时，免不了用到图层的混合模式功能。在"图层"面板中，混合模式更占据着重要的位置。正确、灵活地运用混合模式，往往能够创造出丰富的图像效果。

1

打开"花蝴蝶.psd"文件，将"花蝴蝶"图层拖曳到当前图层中。按下Ctrl+T组合键，调整蝴蝶翅膀的大小，放置在合适的位置上。复制"花蝴蝶"图层并隐藏作为备用。

调整图像大小及位置

2

打开"通道"面板，复制对比效果最强烈的通道。这里选择"绿"通道，单击鼠标右键，选择"复制通道"命令，在弹出的"复制通道"对话框中设置"文档"为"新建"，保存并命名文档为"女模特置换素材.psd"，复制的通道名称为"女模特"。

复制保存通道

3

选中"花蝴蝶"图层，执行"滤镜>扭曲>置换"命令，在打开的"置换"对话框中设置相关参数。在弹出的对话框中选择"女模特置换素材.psd"文档，单击"确定"按钮，完成置换。

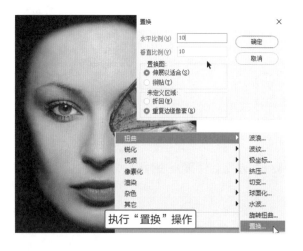

执行"置换"操作

4

通过观察置换前后的效果，可以明显看到蝴蝶的形状已经变得贴合模特的脸部，变得较有立体感。

"置换"前后对比

10%

5

复制"女模特"图层，至于顶层。选中该图层，设置"混合模式"为"叠加"、"填充"数值为80%，可以发现图像更加明暗鲜明、凹凸有致。

调整"混合模式"

50%

6

选中"花蝴蝶"图层，更改其"混合模式"为"正片叠底"，单击该图层的图层蒙版缩览图。按下快捷键B，启用画笔工具，调整画笔"不透明度"为20%、画笔笔尖形状为"柔边圆"。沿着模特脸部的轮廓进行调整，隐去脸庞以外的图像。

调整面部轮廓

100%

7

继续用黑色画笔在人物脸部的眼睛、颧骨等细节涂抹，隐去蝴蝶的颜色，让图像进一步突出立体感。

然后，复制"花蝴蝶"图层，更改复制图层的"混合模式"为"叠加"，然后查看效果。

复制图层并更改混合模式

8

按照同样的方法，再次制作置换蝴蝶效果。再次打开"花蝴蝶.psd"文件，将"花蝴蝶"图层置于所有图层之上，重新命名为"花蝴蝶嘴巴"。按下Ctrl+T组合键，使用"自由变换"命令调整蝴蝶翅膀的位置。

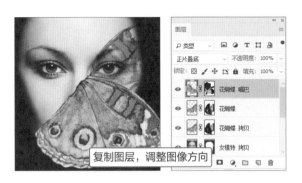

复制图层，调整图像方向

9

选中"花蝴蝶 嘴巴"图层，执行"滤镜>扭曲>置换"命令，设置相关参数。在弹出的对话框中选择"女模特置换素材.psd"文档，单击"确定"按钮，完成置换。

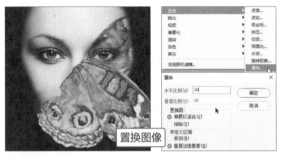

置换图像

10

选中"花蝴蝶 嘴巴"图层，更改"混合模式"为"正片叠底"。单击该图层的图层蒙版缩览图，按下快捷键B，启用画笔工具。调整画笔工具的"不透明度"为60%，使用黑色隐去部分图像。

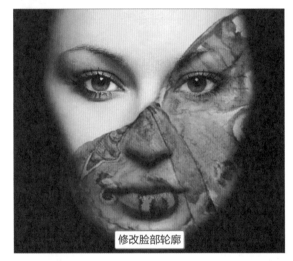

修改脸部轮廓

11

调整画笔工具的"不透明度"为20%，适当调整模特鼻梁、嘴巴轮廓的透明效果，使模特五官更为自然、醒目。

调整五官轮廓

Point 3 使用钢笔工具绘制形状

钢笔工具可以通过手动操控，绘制出复杂的图形，在进行细节图形绘制时，钢笔工具是使用频率极高的工具。将绘制的图形转换为选区后进行恰当的操作，就会产生令人惊艳的效果。

1

按下快捷键P，启用钢笔工具，勾勒出模特嘴唇的形状。

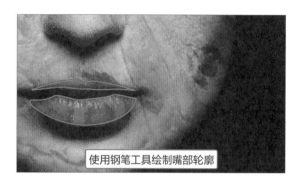

使用钢笔工具绘制嘴部轮廓

 Tips **切换钢笔工具的快捷键**

在Photoshop中，使用钢笔工具能够绘制出具有最高精度的图像。在钢笔工具组中包括5个工具，分别是钢笔工具、自由钢笔工具、添加锚点工具、删除锚点工具和转换点工具。使用快捷键切换各种工具，可以提高工作效率。

- 当前选中工具为钢笔工具时，按下Shift+P组合键，即可切换至自由钢笔工具；
- 在绘制路径时，按住Alt键不放，即可暂时切换到转换点工具，释放鼠标即可恢复为当前所选择的工具；
- 当前工具为添加锚点工具/删除锚点工具时，按住Alt键不放，即可暂时切换到删除锚点工具/添加锚点工具上。

2

打开"路径"面板，双击"工作路径"，在弹出的对话框中保存为"模特嘴唇"路径。
单击"路径"面板底部的"将路径作为选区载入"按钮，选中"女模特"图层。

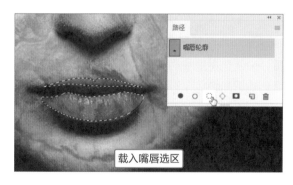

载入嘴唇选区

3

执行"选择>修改>收缩"命令，在弹出的对话框中设置"收缩量"为2像素。
执行"选择>修改>羽化"命令，在弹出的对话框中设置"羽化半径"为2像素。
可以看到选区范围明显变小，边缘更圆滑。

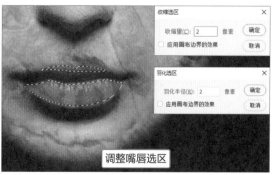

调整嘴唇选区

4

新建图层并置于所有图层之上，命名为"嘴唇上色"。单击鼠标右键，在弹出的对话框中选择"填充"命令。

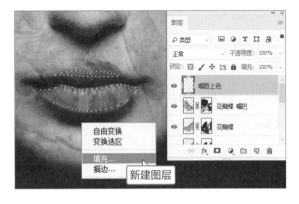

5

在弹出的"拾色器"对话框中设置色值为#6699cc的灰蓝色，单击"确定"按钮。

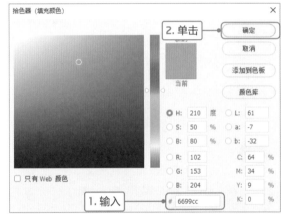

6

此时可以看到嘴唇的形状填充了蓝色，但是效果很粗糙。单击"图层"面板底部的"添加图层蒙版"按钮，按下快捷键B，启用画笔工具，设置笔尖形状为"柔边圆"，使用黑色画笔微调嘴唇轮廓。

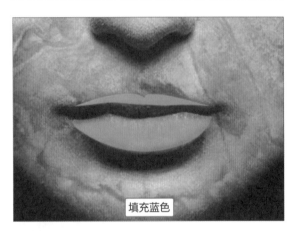

填充蓝色

7

改变"混合模式"为"变暗"，调整"填充"值为70%，再次使用黑色画笔，微调嘴唇的轮廓，使嘴唇的着色更自然。

改变图层混合模式

Point **4** 运用渐变效果润色图像

渐变效果能够使图像与图像之间的过渡和衔接更加柔和，在Photoshop中有很多方法可以实现渐变效果，如渐变工具。本节主要通过图层样式中的"渐变叠加"功能展现渐变效果。

1

下面，为模特的脸部添加修饰效果。复制4个蝴蝶归为一组，并命名为"脸部装饰"。按下Ctrl+T组合键，使用"自由变换"命令，调整蝴蝶的大小、方向及位置，在脸部额头处拼凑出弧度的效果。

复制图层并合理摆放

2

选中"脸部装饰"图层组，改其"混合模式"为"减去"，然后查看效果。

 Tips　"减去"模式

"减去"模式可以从目标通道的像素中减去源通道中的像素值。

3

要调亮额头的高光，则首先单击"图层"面板下方的"添加图层蒙版"按钮，为当前图层组添加图层蒙版。

按下快捷键B启用画笔工具，调整画笔笔尖形状为"柔边圆"、"不透明度"为20%，在额头部分进行简单涂抹，提亮额顶的光线效果。

更改图层混合模式

 Tips　黑白交互的光线

光与影的交错使图像产生立体感，才有了主次分明和美。在进行图像设计时，尤其要注意黑白光线的使用，用户可通过"色阶"、"饱和度"等工具进行调整。

调亮前效果

调亮后效果

4

复制两个蝴蝶图层，归为一个图层组并命名为"头饰两侧"。按下Ctrl+T组合键，使用"自由变化"命令分别调整蝴蝶的大小、方向及位置。

添加头顶两侧修饰

5

更改"头饰两侧"图层组的"混合模式"为"线性光"。

单击"图层"面板底部的"添加图层蒙版"按钮，单击当前图层组的蒙版缩览图，按下B快捷键启用画笔工具，更改笔尖形状为"柔边圆"、"不透明度"为20%，在合适的位置进行涂抹，使蝴蝶翅膀的形状与牛角相像，且富有立体感。

调整后

调整前

制作牛角头饰

6

添加黄宝石头饰。

再次复制一个蝴蝶，至于"头饰两侧"图层组上端，调整"混合模式"为"变亮"。

单击"图层"面板底部的"添加图层蒙版"按钮，为当前图层添加蒙版，按下快捷键B启用画笔工具，使用黑色适当修饰图像，使其拥有圆润的弧度。

添加黄宝石头饰

7

制作衣领部分。

复制三个蝴蝶，归为一个图层组并命名为"衣领"。使用"自由变换"命令，调整方向、位置和大小，摆出衣领和衣肩。

调整当前图层组的"混合模式"为"排除"。添加图层蒙版，使用画笔工具适当修饰图像。

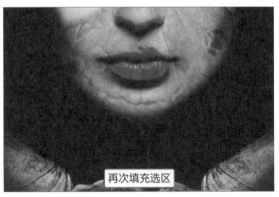

再次填充选区

8

选中"女模特"图层，单击蒙版缩览图，按下快捷键B，使用黑色画笔微调图像，使模特的耳朵和脖子显露出来。

使用蒙版微调图像

9

打开"背景花纹.psd"文档，直接拖曳到当前文档中，置于"背景"图层上端。双击"背景花纹"图层，在打开的对话框中为其添加"渐变叠加"图层样式。

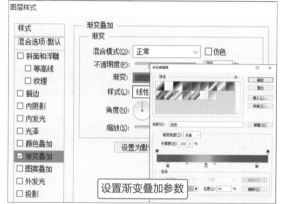

设置渐变叠加参数

10

观察背景的效果，可以发现，有了渐变背景，整个画面显得更加饱满。

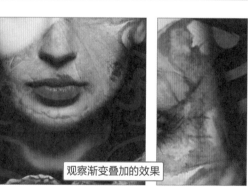

观察渐变叠加的效果

11

最后，为整个设计添加文字，将所有文字归为一个图层组，并命名为"文字"。至此，整个作品已经设计完成。

 Tips **将图层样式应用到不同文件中**

在一个文件图层上应用图层样式后，在"图层"面板中的该图层上单击鼠标右键，在弹出的快捷菜单中选择"拷贝图层样式"命令，切换到需要应用该图层样式的图层上，单击鼠标右键，在弹出的快捷菜单中选择"粘贴图层样式"命令即可。

完成作品

技能点拨
使用混合模式调整图像

在Photoshop中，图层混合模式是非常重要的功能，几乎每一种绘画与编辑调整工具都具有混合模式选项，而在"图层"面板中，混合模式更占据着重要的位置。正确、灵活地运用混合模式，往往能够创造出丰富的图像效果。

1

图层混合模式为"正常"时，上方图像将遮盖下方图层。
图层混合模式为"溶解"时，由于该图层不具有非透明像素，因此得到的效果与混合模式被设置为"正常"时相同，但会降低不透明数值。

"溶解"效果

2

图层混合模式为"变暗"时，两个图层中较暗的颜色将作为混合后的颜色保留，比混合色亮的像素将被替换，反之则保持不变。

"变暗"效果

3

图层混合模式为"正片叠底"时，将显示两个图层中较暗的颜色。另外，在此模式下任何颜色与图像中的黑色重叠将产生黑色。

"正片叠底"效果

4

图层混合模式为"颜色加深"时，除上方图层的黑色区域外，降低所有区域的对比度，使图像整体对比度下降，产生下面的图层透过上方图像的效果。

"颜色加深"效果

5

图层混合模式为"线性加深"时，上方图层将依下方图层图像的灰阶程度与背景图像融合。

"线性加深"效果

6

还有一些能够改变图像光线效果的混合模式，如"亮光"的对比效果，亮光使重叠的图像亮度及对比度都增高。

"亮光"效果　　　　"点光"效果

7

图层混合模式为"滤色"时，上方图层暗调变成透明后显示下方图像的颜色，高光区域的颜色同下方图像的颜色混合后，图像整体显得更亮。

"滤色"效果

8

图层混合模式为"颜色减淡"时，上方图层依据下方图层的灰阶程度提升亮度后，再与下方图像图层融合。

"颜色减淡"效果

9

图层混合模式为"浅色"时，可以根据图像的饱和度，用当前图层中的颜色直接覆盖下方图层中的高光区域颜色。

"浅色"效果

10

图层混合模式为"叠加"时，将同时应用"正片叠底"和"滤色"来制作对比度较高的图像，上方图层的高光区域和暗调维持原样，只是混合中间调。

"叠加"效果

11

图层混合模式为"柔光"时，图像具有非常柔和的效果，高于中性灰底的区域将更亮，暗于中性灰底的区域将更暗。

"柔光"效果

12

图层混合模式为"强光"时，得到的图像对比度比较大，适用于图像增加光照效果，其程度远大于"柔光"模式的加成原理。

"柔光"效果

"强光"效果

13

图层混合模式为"亮光"时，根据融合颜色的灰度减小对比度，以达到增量或变暗图像的效果。

"亮光"效果

14

图层混合模式为"线性光"时，根据融合颜色的灰度，减小或增加亮度，以得到非常亮的效果。

"线性光"效果

15

图层混合模式为"实色混合"时，将会根据上下图层中图像的颜色分布情况，取两者的中间值，对图像中相交的部分进行填充。利用该混合模式可以制作出具有较强对比度的色块效果。

"实色混合"效果

16

图层混合模式为"色相"或"饱和度"时，最终效果由下方图像的色相、亮度和上方图层的饱和度构成。

"饱和度"效果

"色相"效果

图层的
综合应用

制作创意PS合成Banner

历历哥所在公司的项目部需要制作一张创意PS网页Banner图，来提升公司的形象，并通过图片巧妙地表达公司的文化理念。历历哥找来了助手小蔡，一起商量海报的创意和制作思路，以突出宣传内容和灵感为主要构图思路，以金鱼放到灯泡中的创意思路来进行设计。

NG! 菜鸟效果

版面空旷，布局
安排不合理

素材死板、不协调

给生活一点灵感

文字排版较普通

首先，作品的创意还是很好的，将金鱼放到灯泡中，既充满了生活化的气息，又不乏令人惊喜的灵感。但是，作品的细节处还需要进一步优化，版面布局显得太过空旷，没有突出重点，色彩也太过单调，素材溶合并不理想，建议进一步进行润色。

MISSION!

3

创意合成Banner应该以突出宣传内容和灵感为主要构图思路。创意足够独特，色彩足够吸引眼球，才能引起大家的关注。构图上注意黄金比例，更能使画面协调、具备吸引力。在本案例中，将使用各种素材进行创意图片的合成，多次使用"混合模式"功能叠加溶合素材，然后使用图层蒙版、画笔工具和滤镜等对图像细节进行处理和优化，最终呈现出构图合理、主题突出、色彩醒目的创意PS合成Banner。

10 %

50 %

100 %

逆袭效果　OK!

使用图层样式为文字
添加特效

增加修饰素材，让
画面更加鲜艳灵动

对构图进行更改，使
版面更加合理协调

经过细节的处理及图像效果的整体润色，作品虽然还有可以改进的空间，但已经展现出创意合成Banner的要求。通过对滤镜、混合模式、图层样式和蒙版的综合运用，使图像展现出了灵感和创意，并突出了广告宣传的重点，巧妙表达了公司的文化理念。

Point 1 溶合图像素材

本小节将介绍使用选区工具快速将所需素材复制到文档中，然后使用蒙版工具和图层混合模式让图像溶合得更加自然，从而让素材和背景图像更加贴合，并根据实际的效果，使用图层蒙版对素材进行修改。

1

在Photoshop中打开灯泡、气泡和水面素材，选择水面素材文件，按下Ctrl+Shift+U组合键对图像执行"去色"命令。按下Ctrl+L组合键，在弹出的"色阶"对话框中单击"在图像中取样以设置黑场"按钮，在画布上的柠檬主体部分进行单击，调整图像的色阶，然后单击"确定"按钮。

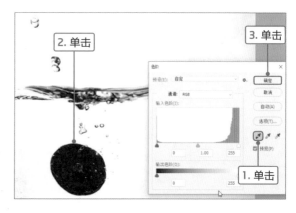

2

在"图层"面板中新建一个图层，填充颜色为白色，设置"混合模式"为"柔光"，改变图像的颜色，然后合并图层，使用矩形选框工具绘制选区。

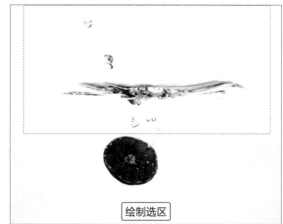

3

使用移动工具，将选区内的图像移动到"灯泡.jpg"文档中，并按下Ctrl+T组合键调整图像的大小为20%，移动到合适的位置，然后设置图层的混合模式为"划分"。

4

为"图层1"图层创建图层蒙版，设置前景色为
黑色，使用画笔工具，擦除灯泡上方的水滴。

擦除图像

5

按下Ctrl+R组合键，显示标尺。从上方和左侧
的标尺上分别拖曳参考线定位灯泡的边界。选
择椭圆选框工具，在画布上根据参考线的定位
绘制选区，选择"背景"图层，使用Ctrl+J组
合键复制选区，并将"图层1"图层设置为"图
层2"图层的剪贴蒙版。

1. 创建参考线

2. 绘制选区

6

按下Ctrl+H组合键取消参考线的显示，在菜单
栏中执行"文件>置入嵌入对象"命令，在打
开的对话框中选择"海3.jpg"图像文件并置入
文档中，缩放图像的大小为74.71%，并移动
到合适的位置。

1. 选择

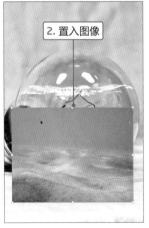

2. 置入图像

7

将"海3"图层设置为"图层2"图层的剪贴蒙版，并为"海3"图层添加图层蒙版，保持前景色为黑色，设置画笔工具的"硬度"为0%，擦除图像中的多余部分。

擦除图像

8

在所有图层上方新建一个图层，填充颜色为白色，设置"混合模式"为"柔光"。置入"海1.jpg"图像文件，设置图层的混合模式为"正片叠底"，将"海1"图层设置为"图层2"的剪贴蒙版，拖曳到所有剪贴蒙版的最下方。

置入图像

9

为"海1"图层建立图层蒙版，保持前景色为黑色，使用画笔工具擦除灯泡上部和右侧边缘的颜色。

擦除图像

10

置入"海2.jpg"图像文件，并设置图层混合模式为"变亮"、"不透明度"为58%，让其上端边缘和灯泡上端贴合，并将"海2"图层设置为"图层2"图层的剪切蒙版，拖曳到"海1"图层的上方。为"海2"图层新建图层蒙版，保持前景色为黑色，使用画笔工具，擦除图像的中下半部分。

擦除图像中下部分

Point 2 添加图像细节

本节将综合运用滤镜、混合模式、选区工具和链接图层等功能，为图像添加和修改细节，使图像效果更加灵动、自然，展现出图像的灵感和创意，下面进行详细操作。

1

取消"图层2"图层的可见性，选择"背景"图层，使用魔棒工具，选择灯泡上发光的部分。按Ctrl+C组合键复制选区，在所有图层的最上方新建一个图层，使用Ctrl+V组合键进行粘贴。在菜单栏中执行"滤镜>模糊>高斯模糊"命令，设置"半径"为6，单击"确定"按钮。

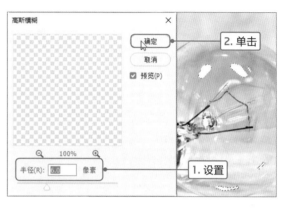

2

在Photoshop中选择打开的"气泡"图像文件，按Ctrl+Shift+U组合键对图像进行去色，按Ctrl+I组合键执行"反相"命令，按Ctrl+L组合键，在弹出的"色阶"对话框中单击"在图像中取样以设置白场"按钮，在画布上如图所示色彩浓度的部分进行单击，然后单击"确定"按钮。

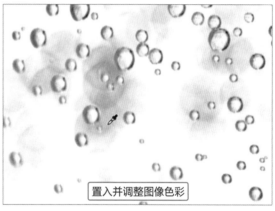

置入并调整图像色彩

3

使用套索工具选中合适的气泡，并使用移动工具拖曳到"灯泡.jpg"窗口中。

添加气泡元素

4

回到"气泡.jpg"图像文件，使用套索工具选择更多的气泡，同样拖曳到"灯泡.jpg"窗口中。

继续添加气泡元素

5

设置"图层5"、"图层6"的"混合模式"为"划分"，按Ctrl+T组合键，对图像的大小进行缩放，并移动到合适的位置。

缩放图像

6

置入"金鱼.jpg"图像文件，缩放图像的大小为48%，单击鼠标右键，在快捷菜单中单击"水平翻转"选项，按Enter键确认自由变换，并使用移动工具将金鱼图像移动到合适的位置。

置入图像

7

在"金鱼"图层上方新建一个剪贴蒙版图层，设置混合模式为"柔光"，设置前景色为白色，使用画笔工具，在金鱼身体上进行涂抹。

设置"柔光"混合模式并涂抹鱼身

8

在"金鱼"图层的剪贴蒙版下方新建一个图层，并设置为"金鱼"图层的剪贴蒙版，设置"混合模式"为柔光，设置前景色为黑色，使用画笔工具，在金鱼的尾巴和鱼鳍上进行涂抹。

设置"柔光"混合模式并涂抹鱼尾和鳍

10 %

50 %

9

将"金鱼"图层和它的剪贴蒙版图层设置为链接图层，使用移动工具，移动调整"金鱼"、"图层5"和"图层6"图层上图像的位置。

调整图像位置

100 %

10

选择"海1"图层的图层蒙版，设置前景色为白色，设置画笔工具的"硬度"为0%、"大小"为450，对图像的显示范围进行适当修改。

修改图像显示范围

11

选择"图层2"图层,为"图层2"图层新建图层蒙版,设置前景色为黑色,设置画笔工具的"硬度"为0%,适当变化画笔的大小,对灯泡的边缘进行擦除。

擦除灯泡边缘

12

设置前景色为#8e8e8e,使用画笔工具,继续对灯泡的边缘进行擦除。

设置不同颜色,擦除灯泡边缘

13

选择"海3"图层的图层蒙版,设置画笔工具的"硬度"为54%、"大小"为94,对图像的显示范围进行适当修改。

修改图像显示范围

_{Point} 3 更改图像布局

对于图像布局的修改，可以综合运用裁剪工具、"图像大小"命令和"画布大小"命令进行更改，本案例图像比例较为均衡，但未给文字留下排版空间，对图像的布局进行裁切修改，可以制造出文字的展现空间。

1

新建一个图层组，将所有图层都收入组中。按Ctrl+Shift+Alt+U组合键，对图层组进行盖印。选择盖印的图层，使用裁剪工具，对图像进行裁剪，并按Enter键确认操作。

裁剪图像

2

在菜单栏中执行"图像>图像大小"命令，在弹出的"图像大小"对话框中设置"宽度"为1280像素，单击"确定"按钮。

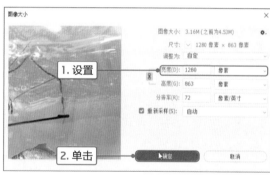

3

在菜单栏中执行"图像>画布大小"命令，在弹出的"画布大小"对话框中设置"高度"为720像素，单击"确定"按钮。

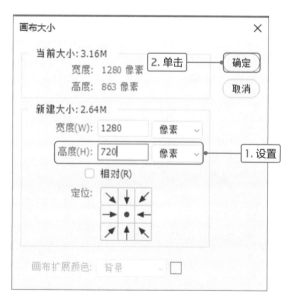

4

使用文字工具，在画布上分别添加"给生活"和"一点灵感"文字，设置字体大小为90点、字距为100、字体为"思源黑体"，设置"给生活"的字体样式为Heavy、"一点灵感"的字体样式为ExtraLight，并移动到合适的位置。

添加文字

5

使用矩形工具在画布上绘制一个矩形，并设置"填充"为无、"描边"为黑色、大小为2像素，为矩形创建图形蒙版，保持前景色为黑色，擦除部分形状。

擦除部分矩形形状

6

使用文字工具，添加"生活需要小惊喜。"文字，设置字体大小为24点、字距为200、字体为"思源黑体"、字体样式为ExtraLight，并使用移动工具进行排列。

添加文字

Point 4 使用图层样式润色文字

在Photoshop中共有10多种各具特色的图层样式，但参数设置的总体结构大致相同，下面将使用"渐变叠加"、"外发光"、"投影"和"斜面和浮雕"图层样式为文字添加效果。

1

新建一个组，将文字图层和"矩形1"图层收入组中，双击图层组，在弹出的"图层样式"对话框中勾选"渐变叠加"复选框，进行相关参数的设置。单击"渐变"右侧的色条，在弹出的"渐变编辑器"对话框中设置左侧的颜色为#030608、右侧的颜色为#044359。

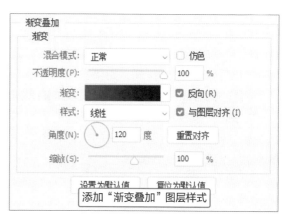

添加"渐变叠加"图层样式

2

勾选"外发光"复选框，设置外发光的相关参数，其中设置颜色为#eceff5。勾选"投影"复选框，设置"投影"的相关参数，其中设置投影颜色为#e3e9e8。

添加"外发光"和"投影"图层样式

3

勾选"斜面和浮雕"复选框，进行相关参数设置，添加"斜面和浮雕"效果。

添加"斜面和浮雕"图层样式

4

使用Ctrl+T组合键对"组2"图层组的大小进行缩放。
至此，创意PS合成Banner就制作完成了。

最终效果

技能点拨

使用图层样式制作特效

在"图层样式"对话框中共集成了10多种各具特色的图层样式，各种图层样式的参数设置大致相同，下面分别对不同图层样式的应用效果进行介绍。

1

在"图层样式"对话框左侧的图层样式列表区域中列出了所有图层样式，如果要同时应用多个图层样式，只需要选中图层样式名称或者左侧的复选框；如果要对某个图层样式的参数进行编辑，直接单击该图层样式的名称，在右侧的参数设置面板中进行编辑。

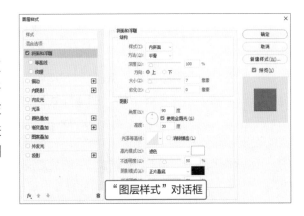

"图层样式"对话框

2

"斜面和浮雕"图层样式能够使平面的图像具有立体感，通过设置合适的参数，可以控制立体感效果的明显程度。

右图是设置不同"深度"和"大小"参数的立体效果。

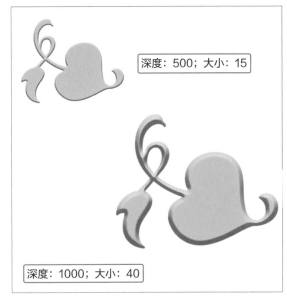

深度：500；大小：15

深度：1000；大小：40

3

"内阴影"和"内发光"图层样式，也可以让平面的图形呈现出凹凸效果，但与"斜面和浮雕"效果有区别。

为图像同时应用"内阴影"和"内发光"图层样式，就会产生较为圆润的效果。

仅添加"内阴影"效果

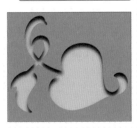
再添加"内发光"效果

4

"颜色叠加"图层样式，可以为图层叠加某种颜色。

该图层样式的参数设置非常简单，在其中设置一种叠加颜色，并设置所需要的"混合模式"及"不透明度"即可。

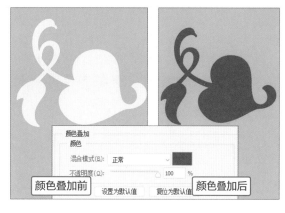

颜色叠加前　　　　　　　颜色叠加后

5

"渐变叠加"图层样式，可以为图层叠加渐变效果。渐变图像的制作，之前有做过相关介绍，这里只进行效果展示。

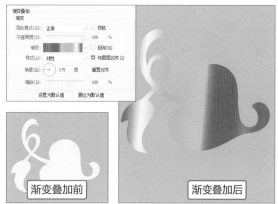

渐变叠加前　　　　　　　渐变叠加后

6

"图案叠加"图层样式可以在图层上叠加图案，与前面的几种叠加效果的操作类似。

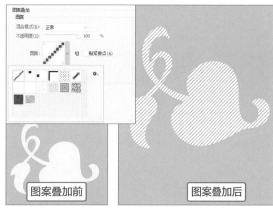

图案叠加前　　　　　　　图案叠加后

7

"外发光"图层样式可以使图像更加醒目；"投影"图层样式，可以使图像更有立体感。

发光效果

投影效果

8

"光泽"图层样式，可以为图像制作金属质感的效果，通过改变参数值，可以控制金属质感的强度。

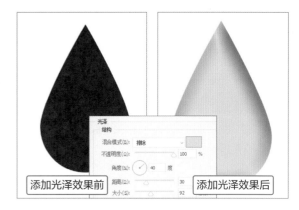

添加光泽效果前　　添加光泽效果后

9

"描边"图层样式，可以沿着图像边缘添加线条，线条的颜色、填充模式、粗细等，可以通过更改图层样式的参数改变。

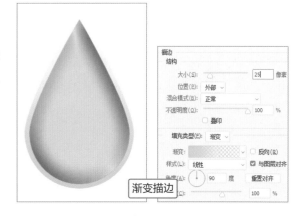

渐变描边

10

为了图像整体的协调性，多个图层的图层样式效果需要保持一致。这时候就需要用到"复制与黏贴"图层样式，按住Alt键，选中图层样式按钮向需要复制样式的图层拖曳。

选中样式　　拖曳到其他图层

11

让整个图层组的图层样式效果都一致，可以通过为整个图层组添加图层样式。
双击图层组，为其添加图层样式，则图层组中的所有图层都会产生相同的样式效果。

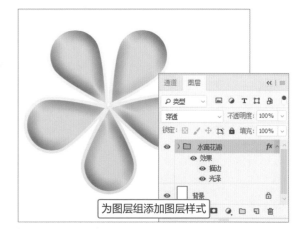

为图层组添加图层样式

图层的其他功能

1. 使用润色工具

　　执行"窗口>工具"命令，可以显示或者隐藏工具箱。在工具箱选项栏中可以选择多种图像润色工具，如加深工具、减淡工具和模糊工具等。

　　步骤01 打开"大蒜.psd"文件，在工具箱中选择模糊工具，调整工具选项栏中的模糊"强度"为100%后，查看前后对比效果。

　　步骤02 在工具箱中选择锐化工具，调整工具选项栏中的锐化"强度"为100%，然后查看前后对比效果。

　　步骤03 按照同样的方法，在工具箱中选择减淡工具，调整工具选项栏中的"曝光度"为100%后，查看前后对比效果。

2. 图层的管理

　　图像所包含的图层越多，所占用的计算机空间就越大。因此，当图像处理基本完成时，可以将各个图层合并起来以节省系统资源。我们还可以将多个图层分类整理到一个组，方便快速准确地找到对应的图层。

　　步骤01 按住Ctrl键单击想要合并的图层并将其全部选中，然后按Ctrl+E组合键或者执行"图层>合并图层"命令合并图层，如下左图所示。

　　步骤02 按住Shift键选中需要归类为一组的图层，然后单击"图层"面板底部的"创建新组"按钮，将选中的图层归为一组并命名为"雪花"，如下右图所示。

读书笔记

特效图像的制作

在Photoshop中，使用滤镜可以快速地为图像添加各种艺术效果。滤镜的工作原理是利用对图像中的像素进行分析，通过对像素的色彩、亮度等参数的调节，创造出丰富的特效。此外，Photoshop还有很多好用的功能，能够帮助用户高效地处理图像，使之焕发惊艳的效果，例如各种图像修饰工具、色阶命令以及蒙版等。

特效图像
的制作

制作"黄昏中的女孩"创意海报

电影上映在即,历历哥准备为电影制作宣传海报,他找到小蔡说明想法,让他制作一个黄昏与女孩元素相结合的海报,让看到海报的人感受电影中黄昏时那最后的光和希望。小蔡接受任务后,浏览了多个有关黄昏海报的案例,然后收集整理素材,开始了"黄昏中的女孩"创意海报的构思与制作工作。

NG! 菜鸟效果

海报整体色调较黯淡,没有闪光点

海报没有添加主题文本

背景单调,缺少装饰物

在设计"黄昏中的女孩"创意海报时,小蔡忽略了画面整体的协调感。缺少的海报主题,可以使用横排文字工具添加主题名;图像背景缺少修饰元素,看起来特别空旷,可以在背景中添加装饰元素;海报整体色调较暗淡,可以通过曲线功能整体提升。

MISSION!

1

在"黄昏中的女孩"创意海报设计过程中，通过调整背景和人物的色调，使画面统一成天空的基调。通过书籍、鸟、摩天轮等素材的添加与修饰，为画面添加了动态效果。通过添加其他的一些小的装饰元素，弥补画面布局的不足。最后为整体图像效果设置曲线和色阶参数，提高画面的亮度。

10%

50%

100%

逆袭效果　OK!

TWILIGHT WHEAT FIELDS

调整整体色调，
提高画面亮度

添加背景装饰元素，
修饰画面效果

添加文字修饰元素，明确海报主题

通过"曲线"和"色阶"命令的应用，对画面背景的亮度进行提升；通过添加主题文本，明确海报主题的同时，也丰富了内容；通过添加背景装饰元素，使整个图像背景不那么空旷，更加协调。

247

要制作"黄昏中的女孩"创意海报,首先要新建一个合适的文档,然后打开背景素材,具体操作如下。

1

执行"文件>新建"命令,弹出"新建"对话框,对新文档的相关参数进行设置后,单击"确定"按钮,新建图像文件。

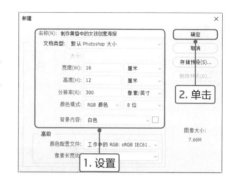

2

将"油菜田 1.jpg"图像文件拖入新建的文档中,按下Enter键完成素材置入的操作。

3

接着将"黄昏背景.jpg"图像文件拖入新建的文档中,对其大小和位置进行适当地调整,按下Enter键置入黄昏天空素材。

Tips　位图与矢量图

图像文件可分为位图图像和矢量图形两大类。在绘图处理过程中,这两种类型的图像可以相互交叉使用。

● 位图也称为点阵图,由许多单独的小方块构成,这些小方块又称为像素点,每个像素点都有特定的位置和颜色值,不同排列和着色的像素点组成了一幅色彩丰富的图像。数码相机拍摄、扫描仪生成或在计算机中截取的图像等均属于位图。

● 矢量图也称为向量图,是一种基于图形的几何特性来描述的图像。矢量图与分辨率无直接的关系,因此任意地旋转和缩放均不会对图像的清晰度和光滑度造成影响,即不会产生失真现象。矢量图常用于制作图标或者Logo等不能受缩放影响清晰度的情况。

Point **2** 应用画笔工具

在各种画笔工具效果中，毛笔效果的使用频率非常高，除了可以绘制线条对图像进行装饰外，还可以修改通道和蒙版。

1

隐藏"黄昏背景"图层，然后在"油菜田 1"图层上新建"光影"图层，使用黑色画笔在图像的左下角和右下角进行涂抹，并设置图层混合模式为"叠加"，将"光影"图层的"不透明度"设置为50%，为图像左下角和右下角的油菜增加光影效果来突出质感。

2

显示"黄昏背景"图层，单击"图层"面板下方的"添加图层蒙版"按钮，添加图层蒙版。然后选择画笔工具，在选项栏中调节合适的画笔大小与硬度后，在天空的位置涂抹，擦出天空的效果。

3

新建图层并命名为"图层1"，设置前景色为黄色（R251、G106、B0），运用画笔工具进行涂抹，完成后设置图层混合模式为"颜色"。

 Tips　像素和分辨率

在平面设计中，经常需要对图像进行修饰、合成或校色等处理，而图像的尺寸和清晰程度则是由图像的像素和分辨率来控制。

● 像素是构成位图图像的基本单位，将位图图像放大到一定程度后，可以看到图像是由无数方格组成的，这些方格就是像素。

● 分辨率是指位图图像中的细节精细度，即单位长度里面包含的像素点，测量单位通常为像素/英寸（ppi），每英寸的像素越多，分辨率越高，印刷质量就越好。

Point 3 应用"曲线"命令

"曲线"命令整合了"色阶"、"阈值"和"亮度/对比度"等多个命令，最多可以创建14个控制点，从而对图像的色彩和色调进行精确控制。

1

单击"图层"面板下方的"创建新的填充或调整图层"按钮，在弹出的列表中选择"曲线"命令，得到"曲线1"调整图层，在"属性"面板中适当向上拖动曲线，提高画面的亮度。使用画笔工具在曲线蒙版上涂抹，隐藏四周图像，增加中间油菜花的亮度。

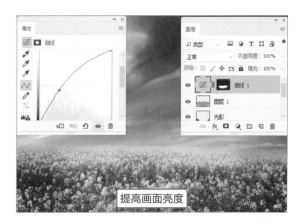

提高画面亮度

2

参照上述步骤，创建"曲线2"调整图层，在"属性"面板中向下拖动曲线，降低图像的亮度，然后使用画笔工具，在曲线图层蒙版上涂抹，隐藏左边图像，适当降低右边图像的亮度，使画面更具层次感。

降低画面亮度

3

打开"摩天轮.jpg"图像文件，将其拖曳到当前图像文档中，按下Ctrl+T组合键，调整图像的大小和位置。然后单击"图层"面板下方的"添加图层蒙版"按钮，使用画笔工具在画面中适当涂抹，虚化摩天轮下方的区域。

添加摩天轮素材

Tips 置入文件

置入文件和打开文件有所不同，置入文件命令只有在Photoshop工作界面中已经存在图像文件时方能激活。置入是将新的图像文件放置到打开或新建的图像文件中。置入操作还可将Illustrator的AI格式文件以及EPS、PDF、PDP文件打开并放入当前操作的图像文件中。

Point 4 应用"照片滤镜"命令

"照片滤镜"命令可以模拟传统摄影中的彩色滤镜,通过对色温和颜色平衡的调整,达到滤镜效果。

1

打开"女孩2.jpg"图像文件,将其拖曳到当前图像文件右侧,按下Ctrl+T组合键,调整图像的大小和位置。单击"图层"面板中的"添加图层蒙版"按钮后,使用画笔工具隐藏小女孩的脚和一部分牛仔裤。

导入小女孩素材

2

单击"图层"面板下方的"创建新的填充或调整图层"下拉按钮,在弹出的列表中选择"照片滤镜"选项,设置颜色为黄色(R236、G138、B0),调整图层,按下Ctrl+Alt+G组合键创建剪贴蒙版,调整小女孩的整体色调,使其更好地融入画面中。

应用照片滤镜调整图层

3

单击"图层"面板下方的"创建新的填充或调整图层"按钮,在弹出的下拉列表中选择"渐变"选项,在打开的对话框中设置由黑到透明的渐变,按下Ctrl+Alt+G组合键创建剪贴蒙版,并设置图层混合模式为"柔光",加深小女孩图像的颜色。

设置渐变效果

Point 5 应用图层蒙版

使用图层蒙版可以对图像进行合成。图层蒙版是依附于图层而存在的，由图层缩略图和图层蒙版缩略图组成，在Photoshop中添加图层蒙版一般用于创建和分辨率相同的位图图像。

1

打开书图像素材，将其拖曳到当前文档中，单击"图层"面板下方的"添加图层蒙版"按钮，然后使用画笔工具在图层蒙版中涂抹来隐藏书页，使下方的油菜花显示出来。创建"图片滤镜2"调整图层，按下Ctrl+Alt+G组合键创建剪贴蒙版，使书籍的色调与画面一致。

置入书本素材并设置效果

2

打开"白色烟气.jpg""蛋糕.jpg""飞雁.jpg""熊猫.jpg"和"枫叶.jpg"素材图片并拖入当前文档中。
接着按下Ctrl+T组合键，执行自由变换操作，调整置入烟气的大小与位置。

置入装饰素材

3

使用快速选择工具或使用"色彩范围"命令选中所需的蛋糕图像，单击"添加图层蒙版"按钮，抠选出蛋糕。如果抠出多余的部分，可以使用画笔工具进行擦除。
使用相同的方法，依次使用"添加图层蒙版"功能抠出鸟、熊猫和枫叶素材，根据需要进行复制后，调整其大小和位置。

创建图层蒙版

4

选择横排文字工具，在图像左上角输入所需文字后，在"字符"面板中设置文字的大小和字距。选中最顶层的图层，按下Shift+Ctrl+Alt+E组合键，盖印图层。

排版文字

5

单击"创建新的填充或调整图层"按钮，在弹出的下拉列表中选择"曲线"命令，适当地向上拖动曲线，提高画面的亮度。

提高画面亮度

6

单击"图层"面板下方的"创建新的填充或调整图层"按钮，在弹出的下拉列表中选择"色阶"命令，在打开的面板中调整阴影输入色阶为0，调整中间调输入色阶为1.62，调整高光输入色阶为255，设置完成后查看效果。

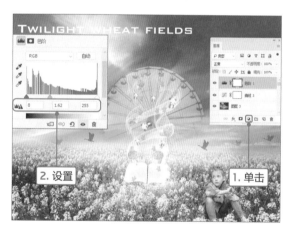

2. 设置　　1. 单击

Tips　　**修改图像的尺寸**

在Photoshop中，对图像文件进行处理时，经常需要调整图像的大小。修改图像尺寸的操作方法是：执行"图像>图像大小"命令，在打开的"图像大小"对话框中对图像的相关参数进行设置，完成设置后单击"确定"按钮，即可应用调整。

调整图像颜色的命令

在Photoshop中，用户可以使用颜色调整命令对图像的颜色进行调整，以达到营造氛围和意境的效果。Photoshop CC中调整图像颜色的命令包括"亮度/对比度"、"色阶"、"色彩平衡"、"照片滤镜"等，下面介绍几种常用的命令。

1. "照片滤镜"命令

在"照片滤镜"对话框中，用户可以通过"滤镜"和"颜色"参数调整图像颜色的冷暖色调。打开图像文件，可以看到图像整体以暖色调为主，如下左图所示。执行"图像>调整>照片滤镜"命令，打开"照片滤镜"对话框，单击"滤镜"右侧下三角按钮，在列表中选择"冷却滤镜(80)"选项，单击"确定"按钮，如下右图所示。

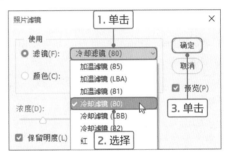

可见在图像的右侧出现蓝色的冷色调，效果如下左图所示。如果在"照片滤镜"对话框中选中"颜色"单选按钮，单击右侧色块，在打开的对话框中选择蓝色，然后返回"照片滤镜"对话框，设置浓度为78%，可见图像冷色调更加强烈，如下右图所示。

2. "色彩平衡"命令

使用"色彩平衡"命令可以在图像原色的基础上添加颜色，从而改变图像的色调，达到纠正明显偏色的目的。

打开一幅在白色纸上放着一束花的图像文件，如右图所示。执行"图像>调整>色彩平衡"命令，打开"色彩平衡"对话框，调整中间调的色彩，使图像变红色，如下左图所示。

设置完成后，单击"确定"按钮，可见图像的颜色发生了变化，效果如下右图所示。

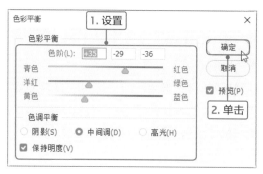 

打开"色彩平衡"对话框后，在"色彩平衡"选项区域中，设置"色阶"数值或者拖动滑块，可增加或减少颜色；在"色调平衡"选项区域中，可以选择需要调整的色彩范围。

3."黑白"命令

Photoshop的"黑白"命令是通过降低色彩的浓度来创造出色彩层次丰富的灰度图像。首先打开图像文件，如下左图所示。执行"图像>调整>黑白"命令，打开"黑白"对话框，用户可以单击"预设"下三角按钮，在列表中选择合适的选项来调整图片，也可以通过拖动各颜色的滑块来调整颜色的灰度色调，如下右图所示。

设置相关参数后，单击"确定"按钮，可见原来彩色的图片变为黑白的效果，如下图所示。

如果用户对调整的参数把握不是很好，可以单击对话框中的"自动"按钮，将基于图像颜色值的灰度混合，使灰度值的分布最大化。

特效图像
的制作

制作"绿野仙踪"创意宣传海报

一家旅游公司找到了历历哥，希望历历哥能为他们公司制作一张用于网络宣传的旅游创意海报，历历哥将这个任务交给了小蔡，小蔡在认真了解旅游公司的设计要求后，决定以撑伞飞翔的女孩元素为创意主题，设计一款展示自由自在轻松去旅行的"绿野仙踪"创意宣传海报。

NG! **菜鸟效果**

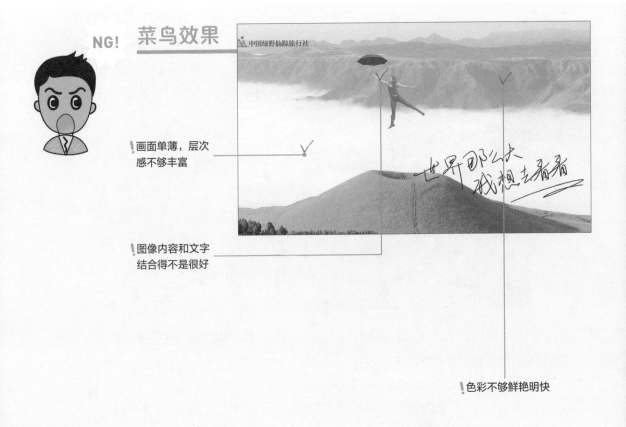

!画面单薄，层次
感不够丰富

!图像内容和文字
结合得不是很好

!色彩不够鲜艳明快

作为一张旅行社创意宣传海报，这张海报的图像内容显然不够丰富，显得太过单薄，虽然结合文字内容设计了飞行的女孩创意，但画面没有多少亮点，各元素之间结合的也不是很好。在色彩上，这张用于网络宣传的海报，色彩不够鲜艳明快，感觉有些陈旧，不符合目前网络的流行风格。

MISSION!
2

在制作"绿野仙踪"创意宣传海报的过程中，通过调整图像颜色，结合蒙版工具和画笔工具的应用来合成图像效果，使图像变得层次丰富，内容多彩。使用撑伞飞行的女孩、大熊、蓝天、白云和绿地等元素，重新分配视觉的重心，使画面牢牢抓人眼球。通过应用图层样式制作气泡，为画面增加了童话一样美好的感觉。

10%

50%

100%

逆袭效果　OK!

重新分配了文字
和Logo的位置

明亮鲜艳的颜色
更加抓人眼球

丰富的元素增加趣味性和层次感

撑伞飞翔的女孩带着大熊，营造出自由的感觉，将这一元素包裹在气泡中，更是为画面增加了童话般的感觉，更符合"绿野仙踪"的主题。重新分配文字和Logo的位置，让画面更加均衡。色彩调整明亮鲜艳，更加吸引眼球。

Point 1 置入素材并融合图像

置入素材是合成图像的第一步，使用图层蒙版和画笔工具可以很好地对多个素材进行融合。利用选区工具和前景色、背景色的设置，也可以对图像实施抠取操作，从而得到所需的效果。

1

按下Ctrl+N组合键，在打开的"新建文档"对话框中单击"胶片和视频"选项卡，选择所展开区域中的HDV/HDTV 720p选项，设置文档名称为"绿野仙踪创意宣传海报"，然后单击"创建"按钮。

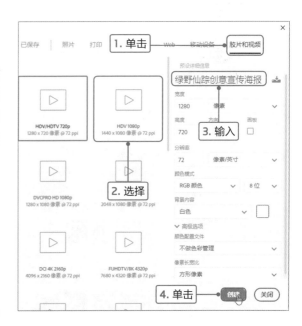

2

从素材存放文件夹中将"火山.jpg"图像文件拖曳到Photoshop的"绿野仙踪创意宣传海报"窗口中，并调整其位置和大小，然后按Enter键进行确认。

3

在工具箱中选择快速选择工具，选择绿色的火山部分，单击"图层"面板下方的"添加图层蒙版"按钮 ，为选区添加图层蒙版。

4

在"图层"面板中单击"背景"图层,从文件夹中将"云.jpg"图像文件拖曳到Photoshop的"绿野仙踪创意宣传海报"窗口中,并调整其位置和大小,按Enter键进行确定。

5

单击"图层"面板下方的"添加图层蒙版"按钮■,在工具箱中选择画笔工具,然后在选项栏中设置画笔"流量"为30%、"硬度"为0%,保证前景色为黑色,在所添加的蒙版上对云下方的烟雾进行擦除。

6

在"图层"面板中单击"云"图层,从文件夹中将"天空.jpg"图像文件拖曳到当前文档中,调整其位置和大小,按Enter键进行确定。然后在"图层"面板中,将"天空"图层的"混合模式"设置为"滤色"。

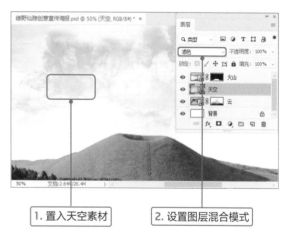

1. 置入天空素材　　2. 设置图层混合模式

7

在"图层"面板中选中"火山"图层,从文件夹中将"女孩.png"和"熊.png"图像文件拖曳到当前文档中,调整其位置和大小,按Enter键。然后在"图层"面板中将"熊"图层置于"女孩"图层的下方。

1. 置入素材文件　　2. 调整图层顺序

Point 2 修饰图像的颜色

在Photoshop中进行图像处理时，我们可以使用图像调整图层对图像的色彩进行调整，使画面色彩更加协调、层次更加丰富。将图像调整图层和蒙版相结合，可以使调整的范围更加精确。

1

在"图层"面板中取消"背景"图层的可见性，然后选中"天空"图层，单击"图层"面板下方的"创建新的填充或调整图层"按钮，在弹出的菜单列表中选择"曲线"选项。

2

在打开的"属性"面板中单击两次，创建两个编辑点，在第一个编辑点中设置"输入"为117、"输出"为90，在第二个编辑点中设置"输入"为186、"输出"为240，并单击"属性"面板下方的"此调整剪切到此图层"按钮。

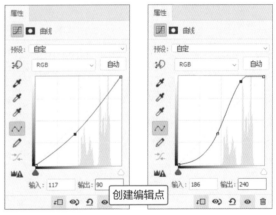

3

在工具箱中选择画笔工具，在其选项栏中设置画笔的"流量"为30%、"硬度"为0%，保证前景色为黑色，在"曲线1"的图层蒙版中大致擦除云朵所在的范围。

4

在"图层"面板中选中"火山"图层，单击"图层"面板下方的"创建新的填充或调整图层"按钮，在打开的列表中选择"色彩平衡"选项，打开对应的"属性"面板，设置"青色-红色"为33、"洋红-绿色"为36、"黄色-蓝色"为-100，并单击"属性"面板下方的"此调整剪切到此图层"按钮。

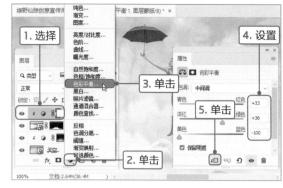

5

在"图层"面板中选中"女孩"图层，单击下方的"添加图层蒙版"按钮，在工具箱中选择画笔工具，设置画笔"流量"为30%、"硬度"为0%，保证前景色为黑色，灵活变化画笔大小，在所添加的蒙版上对女孩和伞的部分画面进行擦除，营造出女孩被云朵包围的感觉。

6

在"图层"面板中选中"熊"图层，单击下方的"添加图层蒙版"按钮，在工具箱中选择画笔工具，设置画笔"流量"为30%、"硬度"为0%，保证前景色为黑色，灵活变化画笔大小，在所添加的蒙版上对大熊的部分画面进行擦除，营造出玩具熊被云朵包围的感觉。

7

在"图层"面板中选中"女孩"图层，单击"图层"面板下方的"创建新的填充或调整图层"下拉按钮，选择"色相/饱和度"选项。在打开的对应的"属性"面板中设置"饱和度"为-16。

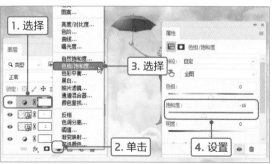

Point 3 使用图层样式制造泡沫效果

使用Photoshop的图层样式可以为图像添加丰富多彩的效果，用户可以根据自己的需要对"图层样式"的各种参数进行设置，如"斜面与浮雕"、"内阴影"等，具体介绍如下。

1

按下Ctrl+Shift+Alt+E组合键，为当前图像盖印一个图层，即"图层1"图层。

2

在工具箱中选择椭圆工具，在选项栏中确认工具模式为"形状"，设置"填充"为"纯色"、"描边"为"无颜色"，在画布上绘制一个圆形，并在"图层"面板中设置"填充"为0%。

3

在"图层"面板中双击"椭圆1"图层，在弹出的"图层样式"对话框中选择并勾选"斜面和浮雕"复选框，在右侧面板中设置"样式"为内斜面、"方法"为平滑、"深度"为63%、"方向"为上、"大小"为76像素、"软化"为6像素、"角度"为-46度、"高度"为69度，并勾选"使用全局光"复选框。然后单击"光泽等高线"按钮。

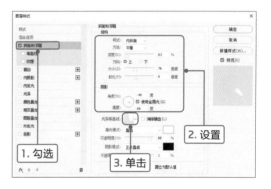

 Tips **PSD文件格式**

PSD图像文件格式是Photoshop的默认文件格式，能够支持全部图像模式（位图、灰度、双色调、索引颜色、RGB、CMYK、Lab和多通道），还可以保存图层、Appha通道和辅助线。

4

在弹出的"等高线编辑器"中单击对角线设置两个编辑点，设置其中一个的"输入"为7%、"输出"为82%，然后另一个的"输入"为66%、"输出"为31%，单击"确定"按钮。

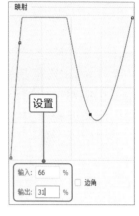

5

继续设置"斜面和浮雕"的"高光模式"为叠加、"颜色"为#eef5f9、"不透明度"为88%、"阴影模式"为正片叠底、"颜色"为#000000、"不透明度"为1%。

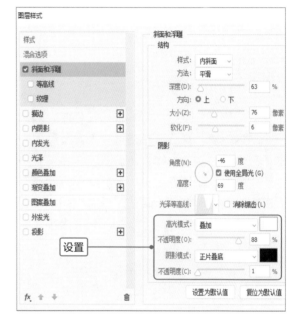

6

单击并选择"内阴影"复选框，在右侧的参数设置面板中设置"混合模式"为正常、颜色为#83c1dd、"不透明度"为45%、"角度"为-46度、"距离"为8像素、"阻塞"为0%、"大小"为117像素。

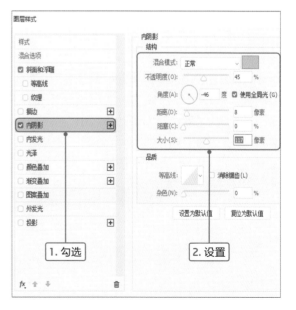

7

单击"内阴影"选项右侧的加号按钮Ⅲ，复制一个"内阴影"图层样式。选择下方复制出来的"内阴影"样式，设置"混合模式"为正常、颜色为#edf5f8、"不透明度"为70%，取消"使用全局光"复选框的勾选，设置"角度"为142度、"距离"为2像素、"阻塞"为0%、"大小"为2像素。

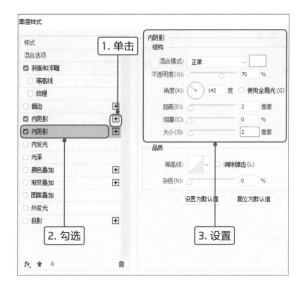

8

单击"内阴影"选项右侧的加号按钮Ⅲ，复制一个"内阴影"样式。单击选择下方复制出来的第三个"内阴影"样式，设置"混合模式"为正片叠底、颜色为# 89c7e1、"不透明度"为80%，勾选"使用全局光"单选按钮，设置"距离"为13像素、"阻塞"为0%、"大小"为59像素。

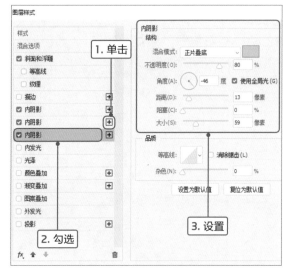

9

勾选"内发光"复选框，切换至"内发光"选项面板，设置"混合模式"为正常、"不透明度"为35%、"颜色"为#9dd5e3、"方法"为柔和、"源"为边缘、"阻塞"为0%、"大小"为160像素，单击"确定"按钮。

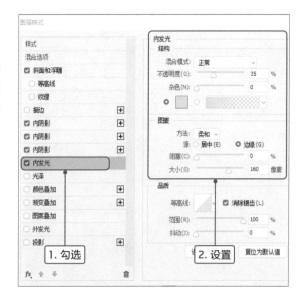

10

按下Ctrl+J组合键，在"图层"面板中复制"椭圆1"图层后，选中"椭圆1 拷贝"图层，单击鼠标右键，在弹出的快捷菜单中选择"清除图层样式"命令，然后在"图层"面板中设置"填充"为0%。

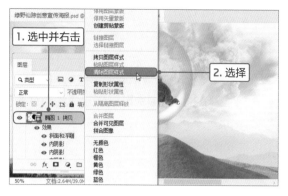

11

双击"椭圆1 拷贝"图层，在弹出的"图层样式"对话框中勾选"斜面和浮雕"复选框，切换至"斜面和浮雕"选项面板，设置"样式"为内斜面、"方法"为平滑、"深度"为63%、"方向"为上、"大小"为188像素、"软化"为6像素、"角度"为-46度、"高度"为69度，并勾选"使用全局光"复选框。

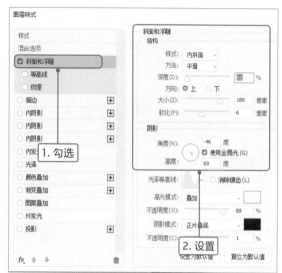

12

勾选"图层样式"对话框左侧的"等高线"复选框，切换至"高等线"选项面板。单击"等高线"按钮，在弹出的"等高线编辑器"对话框中单击对角线，设置两个编辑点，设置其中一个的"输入"为51%，"输出"为100%，然后设置另一个的"输入"为53%、"输出"为30%，单击"确定"按钮。最后，单击"图层样式"对话框中的"确定"按钮。

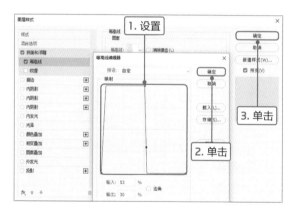

Tips　Photoshop支持的图像文件格式

Photoshop支持数百种图像文件格式，包括PSD、JPEG、CRW、TIFF、BMP、AI、PNG等。其中PSD是Photoshop默认的文件存储格式，具有强大的可编辑性。JPEG格式是最常见的图片存储格式，PNG格式可以用于保存透明图像。用户可以根据图像的应用方向，对其具体格式进行选择。

Point 4 添加文字修饰

"绿野仙踪"创意宣传海报的图像合成完毕后，接着需要添加文字内容进行最后的
修饰。对文字的适当编辑可以使它成为图像的一部分，起到修饰图像、丰富画面
内容的作用。

1

从文件夹中将"LOGO.jpg"图像文件拖曳到
"绿野仙踪创意宣传海报"文档中，并调整其位
置和大小，按Enter键进行确定。

2

从文件夹中将"文字.png"图像文件拖曳到
当前文档中，并调整其位置和大小，然后按下
Enter键进行确认。

3

在"图层"面板中双击"文字"图层，在弹出
的"图层样式"对话框中勾选"投影"复选
框，切换至"投影"选项面板，设置"混合模
式"为正常、"颜色"为# 000000、"不透明
度"为100%，勾选"使用全局光"复选框，
并设置"距离"为1像素、"扩展"为1像素、
"大小"为0像素，最后单击"确定"按钮。

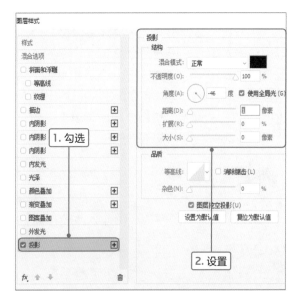

4

单击"图层"面板下方的"创建新的填充或
调整图层"按钮🎨，在弹出的下拉列表中选择
"曲线"选项，创建曲线调整图层。

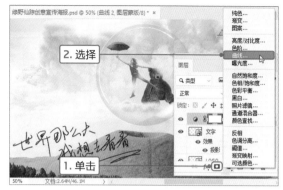

5

在打开的对应的"属性"面板中单击两次，创
建两个编辑点，在第一个编辑点中设置"输
入"为112、"输出"为85，在第二个编辑点中
设置"输入"为190、"输出"为190。

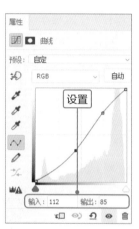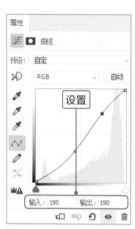

6

至此，"绿野仙踪"创意宣传海报制作完毕，查
看最终效果。

Tips **关于印刷色**

C、M、Y、K代表印刷上用的四种颜色。C代表青色，M代表品红色（也称为洋红色），Y代表黄色，K代表黑色。由
不同的C、M、Y和K的百分比组成的颜色，通常称为"混合色"。在印刷原色时，这四种颜色都有自己的色版，在色
版上记录了这种颜色的网点，这些网点是由半色调网屏生成的，把四种色版合到一起就形成了所定义的原色。调整色
版上网点的大小和间距，可以形成其他的原色。实际上，在纸张上面的四种印刷颜色是分开的，只是很相近，由于我
们眼睛的分辨能力有一定的限制，所以分辨不出来。

我们得到的视觉印象就是各种颜色的混合效果，于是产生了各种不同的原色。

应用"画笔"面板

在Photoshop中，画笔工具是一种经常使用的绘图工具，用户可以使用"画笔"面板来设置画笔的大小、硬度和形状、绘图模式、不透明度、形状动态和散步效果等。

1. 设置画笔笔尖形状

在Photoshop的工具箱中选择画笔工具后，在菜单栏中执行"窗口>画笔"命令，调出"画笔"面板，在面板左侧的列表框中选择"画笔笔尖形状"选项，在画笔样式区域中，选择准备应用的画笔形状样式，在"大小"文本框中设置画笔的大小值，在"硬度"文本框中输入画笔硬度值，如下左图所示。

2. 设置绘图模式

在Photoshop中，用户可以根据需要设置画笔的绘图模式。使用不同的绘图模式，画笔也会具有不同的绘制效果。在画笔工具选项栏的"模式"下拉表框中，选择准备应用的绘图模式选项，如下右图所示。

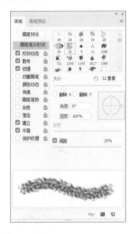
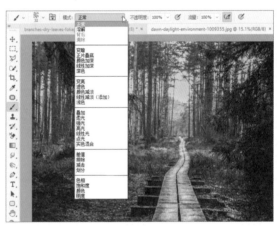

3. 设置画笔的形状动态

在Photoshop中调出"画笔"面板后，在"画笔样式"区域中选择准备应用的画笔形状样式，如雪花，然后选择"形状动态"选项，在"大小抖动"数值框中输入画笔形状抖动的数值，在"最小直径"数值框中输入画笔直径的数值，在"角度抖动"数值框中输入画笔角度抖动的数值，在"圆度抖动"数值框中输入画笔圆度抖动的数值，如下左图所示。

4. 设置画笔散布效果

在Photoshop中调出"画笔"面板后，在"画笔笔尖形状"选项面板中的"画笔样式"选项区域中，选择准备应用的画笔形状样式，如"小草"。勾选"散布"复选框，切换到"散布"选项面板，在"散布"数值框中输入画笔散布的数值，在"数量"数值框中输入画笔散布的数量，在"数量抖动"数值框中输入画笔散布抖动的数值，如下中图所示。设置完成后，在画面中拖曳绘制雪花，效果如下右图所示。

5. 设置画笔的纹理

在"画笔"面板中勾选"纹理"复选框，切换到"纹理"选项面板，通过对画笔叠加图案，使得画笔绘制的笔迹产生纹理效果，如下左图所示。单击纹理缩略图右侧图案，选择合适的纹理，然后设置其他相关参数。"缩放"参数表示设置图案的缩放比例，数值越小，对应的纹理越多，反之纹理越少；"亮度"参数用于设置纹理相对画笔的亮度；"对比度"参数用于设置纹理相对于画笔的对比度。

6. 设置画笔的颜色动态

通过添加颜色动态，可以对绘制的笔迹进行色相、明度和饱和度调整。在"画笔"面板中勾选"颜色动态"复选框，在右侧选项区域中设置相关参数，如下中图所示。然后在页面中绘制，效果如下右图所示。

在"画笔"面板的"颜色动态"选项面板中，"前景/背景抖动"参数用于设置前景和背景色的随机变化程度；"控制"参数用于选择前景/背景抖动的方式；"色相抖动"参数用于对画笔笔尖色相的随机变化值进行设置；"饱和度抖动"参数用于对画笔笔尖饱和度的随机变化值进行设置；"亮度抖动"参数用于对画笔笔尖亮度的随机变化值进行设置；"纯度"参数用于设置颜色的纯度，数值越低，纯度越高。

特效图像
的制作

制作日式唯美梦幻海报

讲述妖怪藏身于人类都市的电影《逢魔时刻》即将上映，电影院的经理希望历历哥能为电影制作一张宣传海报，吸引观众观影。历历哥找来小蔡商量，希望制作一张梦幻唯美的日式海报，既要体现电影特有的日式风情，又要体现出电影中所包含的妖怪元素，以此吸引观众购票观影。小蔡接下了设计任务，开始认真设计本次海报。

NG! 菜鸟效果

! 色彩显得暗沉，
明暗对比失衡

! 妖怪的元素过于
明显，不符合影
片妖怪藏身于人
类都市的主题

! 没有体现出唯
美梦幻的感觉

小蔡将富士山、城市和妖怪等元素融合在一起，并使用日语对图像进行注解，希望能营造出一种日式风格，这种思路是正确的，只是缺乏细节的修饰，图像的表现力也不够丰富，而且忽略了历历哥对于"唯美梦幻"的要求，制作出的海报色彩暗沉，缺乏亮点，也没有很好地表现出电影的主题。

MISSION!
3

制作唯美梦幻的海报，需要注意使图像具备朦胧感和光的点缀。本案例主要通过融合素材合成海报场景，并灵活运用"滤镜库"、"高斯模糊"和"色彩平衡"等滤镜，结合图层蒙版的应用，对图像进行细节处理，使制作出的日式唯美梦幻海报色彩更加协调，画面效果更具表现力。

逆袭效果　OK!

色彩对比鲜明，虚实结合得当，营造出眺望的感觉

增强光效，加强画面的梦幻感

弱化妖怪的元素，将其更好地融合在画面中

对文字的粗细和大小进行修改，使内容表现详略得当，突出电影标题。为图像增加更加丰富的月亮、云彩、晚霞等元素，并加强灯火光效，模糊日与夜的界线，使海报更加符合电影《逢魔时刻》的主题。减弱妖怪元素的存在感，让其和画面融合得更加和谐，并调整色彩和虚实对比，丰富场景的层次，营造出眺望的视觉效果，吸引观众驻足观看。

Point 1 使用图层蒙版融合素材

使用Photoshop的图层蒙版可以方便快捷地对图像进行修改，并且不会让图像的像素受到损失。图层蒙版也是合成图像时的常用工具，利用蒙版的特性，可以使合成素材的边缘更加柔和，融合效果更加自然。

1

按下Ctrl+N组合键，新建一个名称为"日式唯美梦幻海报"的文档，设置文档的"宽度"为60厘米、"高度"为40厘米、"分辨率"为300、"颜色模式"为RGB颜色，然后单击"创建"按钮。

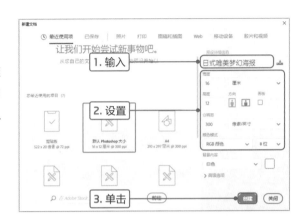

2

在菜单栏中执行"文件>置入嵌入对象"命令，在打开的对话框中选择"城市.jpg"素材，单击"置入"按钮，然后通过拖曳素材四角的控制柄，调整图像的大小。

置入"城市.jpg"素材

3

单击"图层"面板下方的"添加图层蒙版"按钮 ，为"城市"图层添加图层蒙版。选择画笔工具，在选项栏中调整画笔的参数，设置"流量"为40%，确认"前景色"为黑色，灵活变化画笔直径的大小，擦除城市上半部分的天空。

使用图层蒙版擦除天空

4

在菜单栏中执行"文件>置入嵌入对象"命令，在打开的对话框中选择"云霞.jpg"图像素材，单击"置入"按钮，然后通过拖曳四角的控制柄调整图像的大小，并在"图层"面板中将"云霞"图层拖曳到"城市"图层的下方。

5

在菜单栏中执行"文件>置入嵌入对象"命令，在打开的对话框中选择"富士山.jpg"图片素材，单击"置入"按钮，然后通过拖曳四角的控制柄调整图像的大小，并在"图层"面板中将"富士山"图层拖曳到"城市"图层的上方。

6

单击"图层"面板下方的"添加图层蒙版"按钮 ▣，为"富士山"图层添加图层蒙版。选择画笔工具，在画笔工具选项栏中设置"流量"为40%，确认"前景色"为黑色，灵活变化画笔直径的大小，将富士山山体周围擦除，并设置图层的"混合模式"为"变亮"。

Tips　**素材合成思路**

使用多个素材合成图像场景时，需要注意按照景物的远近关系安排图层位置，这样在使用图层蒙版擦除素材中不需要的部分时，就可以对所需擦除或保留的部分一目了然。

为画笔设置较低的流量或不透明度，让硬度保持在0%，在画面上反复进行擦除，可以较慢但较细致地看到图像表现的效果，也可以让图像边缘过渡更加自然柔和。

7

在菜单栏中执行"文件>置入嵌入对象"命令，在打开的对话框中选择"月.png"图片素材，单击"置入"按钮，通过拖曳四角的控制柄调整图像的大小，并在"图层"面板中将"月"图层拖曳到"云霞"图层的上方。

8

在菜单栏中执行"文件>置入嵌入对象"命令，从在打开的对话框中选择"光.jpg"图片素材，单击"置入"按钮，通过拖曳四角的控制柄调整图像的大小，并在"图层"面板中将"光"图层拖曳到"城市"图层的上方。

9

单击"图层"面板下方的"添加图层蒙版"按钮 ◼️，为"光"图层添加图层蒙版。选择画笔工具，在画笔工具选项栏中设置"流量"为20%，确认"前景色"为黑色，灵活变化画笔直径的大小，大致涂抹画面右下方和富士山周围，并设置"光"图层的混合模式为"滤色"。

Tips　**画笔的流量和不透明度**

画笔的"不透明度"影响着画笔描边的不透明度，而"流量"影响着画笔描边的流动速率。在单次操作中，画笔的"不透明度"设置将会影响单次操作的整体不透明度，如在开始绘画后按住Ctrl键，在没有松开Ctrl键的时候，使用画笔执行的绘画操作都被视为单次操作。而"流量"的设置不受单次操作的影响，在单次操作内可以反复对画笔效果进行叠加。

Point 2 使用调整图层调整图像色彩

对图像的融合完成后，接下来就要对整体色彩和效果进行调整了。使用图像调整命令可以很方便地对图像进行各种调整，如加强图像的对比度、调整图像颜色的偏差等。

1

在"图层"面板中选中"月"图层，单击"图层"面板下方的"创建新的填充或调整图层"按钮 ◢ ，选择"色彩平衡"命令。

2

打开对应的"属性"面板，设置"色调"为中间调、"洋红-绿色"为-14、"黄色-蓝色"为28。

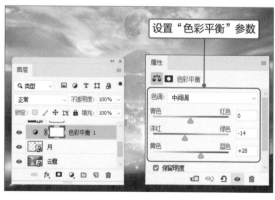

3

在"图层"面板中选中"城市"图层，单击"图层"面板下方的"创建新的填充或调整图层"按钮 ◢ ，选择"色彩平衡"命令，在"属性"面板中选项"色调"为"中间调"，设置"青色-红色"为12、"黄色-蓝色"为33，然后单击"属性"面板下方的"此调整剪切到此图层"按钮 ⬚ 。

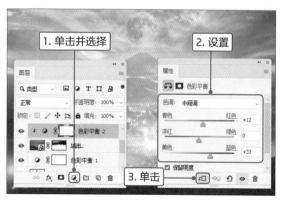

Point

4

在"图层"面板中选中"光"图层，单击"图层"面板下方的"创建新的填充或调整图层"按钮◐，选择"色彩平衡"命令。在"属性"面板中选择"色调"为"中间调"，设置"青色-红色"为44、"洋红-绿色"为-22、"黄色-蓝色"为56，然后单击"属性"面板下方的"此调整剪切到此图层"按钮╶□。

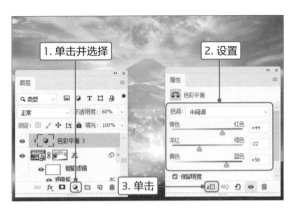

5

单击选择"色彩平衡3"的蒙版，确认前景色为黑色，使用画笔工具擦除蒙版下方的城市部分，只保留天空部分，并设置图层的"不透明度"为60%。

6

对画面的整体色彩进行调整后，查看图像的设置效果。

Tips **图像调整命令和图像调整图层的区别**

在Photoshop中，使用图像调整命令可以快速调整图像的效果，但当所应用调整的图层并非智能图层/矢量图层，或者栅格化图层的时候，图像调整效果会直接改变原图像的像素，不方便之后的修改。

在"图层"面板下方单击"创建新的填充或调整图层"按钮，或在菜单栏中执行"窗口>调整"命令，在打开的"调整"面板中选择相应选项，则会在所选择的图层上方新建一个可随时调整参数的调整图层，并同时为调整图层增加链接的图层蒙版，便于对调整图层进行修改。

Point 3 应用滤镜库调整图像效果

在Photoshop的"滤镜库"中包含了几组特殊的滤镜，可以为图像制作出种种特殊的艺术效果。下面将主要应用"艺术效果"组中的滤镜，讲解如何为图像添加笔触，令图像风格更加唯美。

1

在"图层"面板中选择"云霞"图层，在菜单栏中执行"滤镜>滤镜库"命令，在打开的"滤镜库"对话框中单击"艺术效果"折叠按钮，在所打开的区域中选择"干画笔"滤镜，设置"画笔大小"为10、"画笔细节"为0、"纹理"为1，然后单击"确定"按钮。

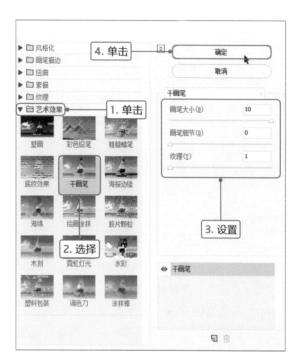

2

在"图层"面板中选择"城市"图层，在菜单栏中执行"滤镜>滤镜库"命令，在打开的"滤镜库"对话框中单击"艺术效果"折叠按钮，在所打开的区域中选择"调色刀"滤镜，设置"描边大小"为2、"描边细节"为3、"软化度"为0，然后单击"确定"按钮。

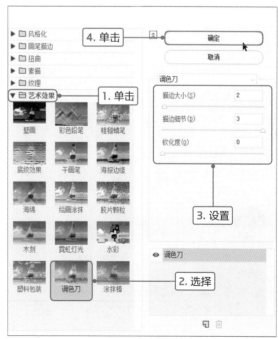

3

同样是对"城市"图层进行操作，在菜单栏中
执行"滤镜>滤镜库"命令，在打开的"滤镜
库"对话框中单击"艺术效果"折叠，在所打
开的区域中选择"干画笔"滤镜，设置"画笔
大小"为1、"画笔细节"为10、"纹理"为1，
然后单击"确定"按钮。

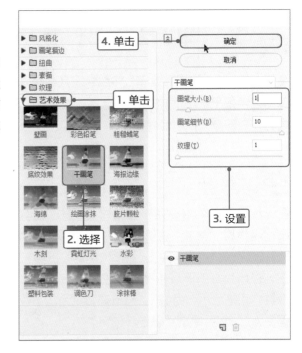

4

在"图层"面板中选择"光"图层，在菜单栏
中执行"滤镜>滤镜库"命令，在打开的"滤
镜库"对话框中单击"艺术效果"折叠按钮，
在所打开的区域中选择"调色刀"滤镜，设置
"描边大小"为14、"描边细节"为3、"软化
度"为0，然后单击"确定"按钮。

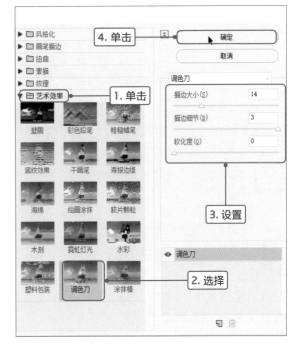

Tips　叠加滤镜

对于滤镜的叠加，可以在执行完一步操作后再执行下一步，也可以在同一步操作中完成。在"滤镜库"对话框的右下
方单击"新建效果图层"按钮，即可在"效果图层"面板中对图层进行排序、删除、执行滤镜库中的滤镜操作等操
作，单击"确定"按钮后，即可将叠加的滤镜效果展现。

Point 4 调整图像的明暗关系

使用图像调整命令和滤镜功能，可以对图像的明暗关系进行调整，重新规划图像的明暗对比和虚实关系，下面将详细介绍应用这两种方式调整图像的操作方法。

1

在"图层"面板中选择最上层的"富士山"图层，按下Shift+Ctrl+Alt+E组合键，为图像盖印一个效果图层，即"图层1"。

10%

50%

100%

2

选中"图层1"图层，在工具箱中选择污点修复画笔工具，将画面放大，灵活变化画笔大小，对合成图像上的一些瑕疵和Bug进行修复。然后在"图层1"上单击鼠标右键，在弹出的快捷菜单中选择"转换为智能对象"命令，将"图层1"转换为智能对象。

3

在菜单栏中执行"滤镜>模糊画廊>光圈模糊"命令，在弹出的对话框中单击图像上半部分，建立光圈控件，并将光标移动到控件外圈，拖曳外圈到合适位置。

应用"光圈模糊"滤镜

4

单击右侧的"模糊工具"选项，在打开的列表中单击"光圈模糊"折叠按钮，设置"模糊"参数为25像素，单击"确定"按钮。

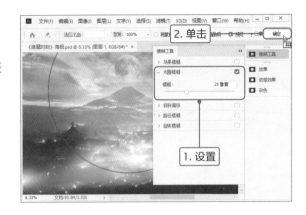

5

单击"图层"面板下方的"创建新的填充或调整图层"按钮 ⊘，在打开的列表中选择"曝光度"选项。在打开的"属性"面板中设置"曝光度"为0、"位移"为0.03、"灰度系数校正"为0.6。

6

单击"图层"面板下方的"创建新图层"按钮 ⬚，在"曝光度1"图层上新建一个透明图层，确认前景色为黑色，设置画笔"流量"为20%、"硬度"为0%，灵活变化画笔大小，在画面中涂抹，加深画面的四角。

加深图像四角

Tips **盖印图层**

盖印图层功能可以在不影响原本图层效果的同时，将现有的图像效果合并为一个新的栅格化图层，使用这种方式可以完全保留原图层的可编辑性，并且会完整呈现图层效果，而不会让图像因合并而损失之前的效果。

Point 5 为图像添加装饰细节

图像大致效果调整完毕之后，接下来就需要添加各种装饰细节了，此时需要注意视觉上的平衡，使画面变得更加丰富而不会破坏整体性。下面将通过实际操作，讲解海报中文字和其它细节的设置技巧。

在菜单栏中执行"文件>置入嵌入对象"命令，在打开的"置入嵌入的对象"对话框中选择"妖怪.png"素材文件，单击"置入"按钮。然后通过拖曳素材四角的控制柄，调整图像的大小，并放置在合适位置。

置入"妖怪"元素

2

在"图层"面板中选择"妖怪"图层，在菜单栏中执行"滤镜>滤镜库"命令，在打开的"滤镜库"对话框中单击"艺术效果"折叠按钮，在所打开的区域中选择"木刻"滤镜，设置"色阶数"为6、"边缘简化度"为1、"边缘逼真度"为1，然后单击"确定"按钮。

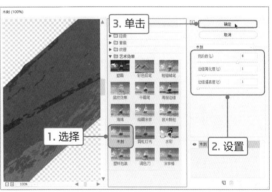

在菜单栏中执行"滤镜>模糊>高斯模糊"命令，打开"高斯模糊"对话框，设置"半径"为20像素，单击"确定"按钮。

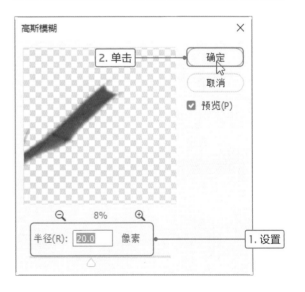

281

4

在工具箱中选择竖排文字工具，在"字符"面板中设置"颜色"为#2d456a，然后输入装饰性文字，并对重点文字进行放大、加粗处理。

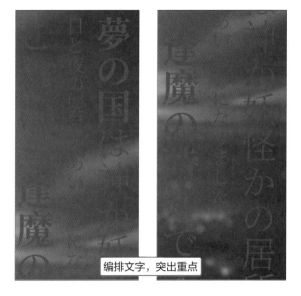

编排文字，突出重点

5

双击文字图层，在弹出的"图层样式"对话框中选择"外发光"复选框，然后设置"混合模式"为滤色、"不透明度"为75%、"颜色"为#375fa8、"方法"为柔和、"扩展"为4%、"大小"为170，然后单击"确定"按钮。

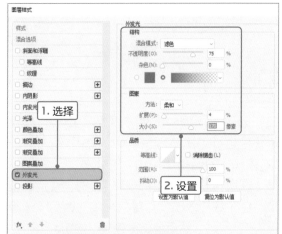

6

在菜单栏中执行"文件>置入嵌入对象"命令，在打开的对话框中选择"云霞.jpg"素材文件，单击"置入"按钮。然后调整置入素材的大小到合适位置，并在"图层"面板中设置"混合模式"为"线性减淡（添加）"，再按住Alt键，在"云霞"和文字图层中间单击，将"云霞"图层设置为文字图层的剪贴蒙版。

Point 6 调整整体图像亮度

《逢魔时刻》电影海报已经制作完毕了，但海报的整体颜色略显黯淡，不够梦幻唯美，此时只需利用"曲线"调整命令，对图像的亮度和对比度进行简单调整即可。

10
%

50
%

100
%

1

单击"图层"面板下方的"创建新的填充或调整图层"按钮◐，在弹出的列表中选择"曲线"选项。

2

在"属性"面板中单击为曲线添加两个编辑点，并通过上下拖曳编辑点来调整图像的亮度和对比度。用户也可以直接在下面的参数设置数值框中设置第一个点的"输入"为75、"输出"为75，设置第二个点的"输入"为160、"输出"为200。

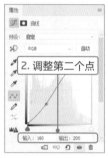

3

至此，日式唯美梦幻海报制作完成，按下Ctrl+S组合键对文件执行保存操作即可。

查看最终效果

Tips　"曲线"调整技巧

使用"曲线"调整命令，可以快捷地对图像的亮度、对比度以及颜色的鲜艳程度进行调整。在"曲线"面板中，无需输入具体参数，只需要在斜向45°的对角线上随意单击增加编辑点进行拖曳，即可方便地根据即时效果进行具体调整，还可以增加多个编辑点以对图像一次进行多方向的调整。

技能点拨

"像素化"滤镜组和"渲染"滤镜组

在Photoshop中滤镜的应用非常广泛，包含滤镜的种类也很多，除了上述介绍的几种滤镜外，下面介绍"像素化"滤镜组和"渲染"滤镜组的应用。

1. "像素化"滤镜组

"像素化"滤镜组中的滤镜是通过使单元格中颜色相似的像素结成块，来对一个选区做清晰的定义，可以制作出彩块、点状、晶格、马赛克等效果。Photoshop的"像素化"滤镜组中包括"彩块化""点状化""晶格化""马赛克""碎片"和"铜盘雕刻"等滤镜。

（1）"彩块化"滤镜

使用"彩块化"滤镜可以将纯色或颜色相近的像素结成相近颜色的像素块，常用来制作手绘图像抽象派效果。在Photoshop中打开图像文件，如下左图所示。在菜单栏中执行"滤镜>像素化>彩块化"命令，如果图片的效果不是很明显，可以多执行几次该命令，效果如下右图所示。可见色块变化很大，像是手绘的效果。

（2）"彩色半调"滤镜

使用"彩色半调"滤镜可以将图像中的每种颜色分离，分散为随机分布的网点，如同点绘画效果。打开图像文件，如下左图所示。在菜单栏中执行"滤镜>像素化>彩色半调"命令，在弹出的"彩色半调"对话框中进行参数设置，如下右图所示。

 Tips Photoshop辅助工具应用

我们在Photoshop中处理图像时，常常会使用到一些辅助工具对对象进行测量、排布、对齐等操作。辅助工具主要包括标尺、参考线、智能参考线、注释、对齐功能和显示/隐藏额外内容等。辅助工具不能用于编辑图像，它的主要作用是帮助用户更好地完成选择、定位或编辑图像的操作。

在操作中为了使效果更清楚，在"彩色半调"对话框中适当设置相关参数。"最大半径"参数用于对生成的网点的最大半径进行设置；"网角(度)"选项组可以对图像各个原通道进行设置。操作完成后，可见图片随机分布的网点效果，如右图所示。

2. "渲染"滤镜组

"渲染"滤镜组中的滤镜可以在图像中创建3D形状、云彩图案、折射图案或者模拟光的反射，是Photoshop中一个十分重要的特效制作滤镜组。

（1）"分层云彩"滤镜

"分层云彩"滤镜可以将云彩的数据和现有的图像像素以"差值"方式混合。在菜单栏中执行"滤镜>渲染>分层云彩"命令。下左图为原图，下右图为应用"分层云彩"滤镜后的效果。

（2）"镜头光晕"滤镜

"镜头光晕"滤镜可以模拟亮光折射到照相机所产生的镜头光晕效果。在菜单栏中执行"滤镜>渲染>镜头光晕"命令，在弹出的"镜头光晕"对话框中设置参数后，单击"确定"按钮，查看镜头光晕的效果。下左图为原图，下右图为效果。

 Tips **平面设计的构成元素**

平面设计的构成元素主要包括点、线、面。不同于数学领域中的定义，在平面设计中，类似点、线、面的图形、文字、色彩以及各种视觉元素等，都可以称为点、线、面，在平面设计版式中随时都会出现这三者的身影。

创建智能滤镜

在Photoshop中，应用于智能对象的任何滤镜都是智能滤镜。普通的滤镜是通过修改原图像的像素来生成效果的。智能滤镜则是一种"非破坏性的滤镜"，用户可以如同使用图层样式一样随时调整滤镜的参数。

在Photoshop中创建智能滤镜时，所选的图层也将自动转换成智能对象，下面介绍两种创建智能滤镜的方法。

方法一： 在需要创建智能滤镜的图层上右击，在快捷菜单中选择"转换为智能对象"命令，如下左图所示。

方法二： 执行"滤镜>转换为智能滤镜"命令，如下右图所示。执行该命令后，弹出提示对话框，单击"确定"按钮，即可转换为智能滤镜。

 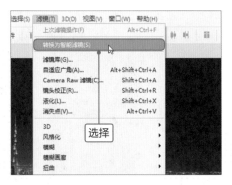

将图层转换为智能对象后，为该图层应用滤镜后，在该图层的下方会显示"智能滤镜"，如右图所示。

 Tips **修改智能滤镜**

为图层应用智能滤镜后，如果需要修改滤镜自身的参数，则在"图层"面板中双击滤镜的名称。即可打开对应的对话框，然后修改滤镜的参数即可。

如果需要修改滤镜与下面滤镜或者图层的混合模式和不透明度，则在"图层"面板中双击 ⬚ 图标，打开"混合选项"对话框，用户可以根据需要对"模式"和"不透明度"参数进行修改即可。

附录 Photoshop常用快捷键

　　下面将列举Photoshop中最常用的快捷键，主要涉及到常用工具、文件编辑操作、图像调整、图层操作以及视图操作等方面，熟记这些快捷键有助于读者在进行图像处理操作时提高效率。

操　作	快捷键	操　作	快捷键
工具箱工具			
移动工具	V	选择工具组	A
选框工具组	M	形状工具组	U
套索工具组	L	3D 对象工具组	K
魔棒工具、快速选择工具	W	3D 相机工具组	N
裁剪工具组	C	抓手工具	H
文字工具组	T	缩放工具	Z
修复工具组	J	默认前景色、背景色	D
画笔工具组	B	切换前景色、背景色	X
图章工具组	S	切换标准模式和快速蒙版模式	Q
历史记录画笔工具组	Y	屏幕显示模式切换	F
橡皮擦工具组	E	临时使用移动工具	Ctrl
填充工具组	G	临时使用吸色工具	Alt
钢笔工具组	P	临时使用抓手工具	空格
文件及编辑操作			
新建文件	Ctrl+N	内容识别比例	Alt+Ctrl+Shift+C
使用默认设置新建文件	Ctrl+Alt+N	自由变换	Ctrl+T
打开文件	Ctrl+O	颜色设置	Ctrl+Shift+K
打开为	Ctrl+Alt+Shift+O	键盘快捷键设置	Alt+Ctrl+Shift+K
关闭文件	Ctrl+W	菜单设置	Alt+Ctrl+Shift+M
保存文件	Ctrl+S	将路径转换为选区	Ctrl+Enter
存储为	Ctrl+Shift+S	再次应用上次设置的滤镜	Ctrl+F
剪切	Ctrl+X	打开"首选项"对话框	Ctrl+K
拷贝	Ctrl+C	全部选择	Ctrl+A
合并拷贝	Ctrl+Shift+C	取消选择	Ctrl+D
粘贴	Ctrl+V	重新选择	Ctrl+Shift+D
还原/重做前一步操作	Ctrl+Z	反向选择	Ctrl+Shift+I
后退一步	Alt+Ctrl+Z	调整蒙版	Alt+Ctrl+R
渐隐	Ctrl+Shift+F	画布大小	Alt+Ctrl+C
填充	Shift+F5	图像大小	Alt+Ctrl+I
图像调整命令			
"色阶"调整命令	Ctrl+L	"反相"调整命令	Ctrl+I
"曲线"调整命令	Ctrl+M	"黑白"调整命令	Alt+Ctrl+Shift+B
"色相/饱和度"调整命令	Ctrl+U	"自动色调"调整命令	Ctrl+Shift+L
"色彩平衡"调整命令	Ctrl+B	"自动对比度"调整命令	Alt+Ctrl+Shift+L
"去色"调整命令	Ctrl+Shift+U	"自动颜色"调整命令	Ctrl+Shift+B

操　作	快捷键	操　作	快捷键
图像调整命令			
在"曲线"对话框中选择 RGB 彩色通道	Ctrl+~	在"曲线"对话框中选择曲线上的下一个点	Ctrl+Shift+Tab
在"曲线"对话框中选择单色通道	Ctrl+1/2/3/4	在"色相/饱和度"对话框中全图调整	Ctrl+~
在"曲线"对话框中取消选择所选通道上的所有点	Ctrl+D	在"色相/饱和度"对话框中只调整红色	Ctrl+1
在"曲线"对话框中删除点	Ctrl 加单击点	在"色相/饱和度"对话框中只调整黄色	Ctrl+2
在"曲线"对话框中选择多个控制点	Shift 加单击点	在"色相/饱和度"对话框中只调整绿色	Ctrl+3
在"曲线"对话框中将选定的点移动 1 个单位	↑ / ↓ / ← / →	在"色相/饱和度"对话框中只调整青色	Ctrl+4
在"曲线"对话框中将选定的点移动 10 个单位	Shift+ ↑ / ↓ / ← / →	在"色相/饱和度"对话框中只调整蓝色	Ctrl+5
在"曲线"对话框中选择曲线上的前一个点	Ctrl+Tab	在"色相/饱和度"对话框中只调整洋红	Ctrl+6
图层操作命令			
新建图层	Ctrl+Shift+N	选择下一个图层	Alt+[
通过拷贝的图层	Ctrl+Shift+J	选择上一个图层	Alt+]
通过剪切的图层	Ctrl+J	将当前图层下移一层	Ctrl+[
向下合并图层	Ctrl+E	将当前图层上移一层	Ctrl+]
合并可见图层	Ctrl+Shift+E	将图层移动到底部	Ctrl+Shift+[
盖印图层	Ctrl+Alt+E	将图层移动到顶部	Ctrl+Shift+]
盖印可见图层	Ctrl+Alt+Shift+E	图层编组	Ctrl+G
创建剪贴蒙版	Alt +Ctrl+G	取消图层编组	Ctrl+Shift+G
视图操作命令			
放大视图	Ctrl++	显示/隐藏选区	Ctrl+H
缩小视图	Ctrl+-	显示/隐藏路径	Ctrl+Shift+H
满画布显示	Ctrl+0	显示/隐藏标尺	Ctrl+R
实际像素显示	Ctrl+Alt+0	显示/隐藏网格	Ctrl+´
向左滚动 10 个单位	Shift+Ctrl+Page Up	显示/隐藏参考线	Ctrl+;
显示彩色通道	Ctrl+~	显示复合信道	~
显示单色通道	Ctrl+	打开/关闭色域警告	Ctrl+Shift+Y
向右滚动 10 个单位	Shift+Ctrl+Page Down	锁定参考线	Alt+Ctrl+;
文字处理命令			
左对齐或顶对齐	Ctrl+Shift+L	将行距减小 2 个点或像素	Alt+ ↓
中对齐	Ctrl+Shift+C	将基线位移减小 2 个点或像素	Shift+Alt+ ↓
右对齐或底对齐	Ctrl+Shift+R	将基线位移增加 2 个点或像素	Shift+Alt+ ↑
向左/右选择 1 个字符	Shift+ ← / →	向前/后选择 1 行	Shift+ ↑ / ↓